AF819049

समुद्र एवं मानव

डॉ॰ जीयालाल राम मो॰ जैसवार

वैज्ञानिक (सेवानिवृत)
सलाहकार (वर्तमान)
सी एस आई आर – राष्ट्रीय समुद्र विज्ञान संस्थान
क्षेत्रीय केन्द्र, मुंबई – 400053

SCIENTIFIC
PUBLISHERS (INDIA)

Published by:

Scientific Publishers (India)
5 A, New Pali Road, P.O. Box 91
Jodhpur 342 001 (India)

E-mail: info@scientificpub.com
Website: www.scientificpub.com

Branch Office
Scientific Publishers (India)
4806/24, Ansari Road,
Daryaganj
New Delhi - 110 002 (India)

© Author, 2014

All rights reserved. No part of this publication or the information contained herein may be reproduced, adapted, abridged, translated, stored in a retrieval system, computer system, photographic or other systems or transmitted in any form or by any means, electronic, mechanical, by photocopying, recording or otherwise, without written prior permission from the authors/editors and the publishers.

Disclaimer: Whereas every effort has been made to avoid errors and omissions, this publication is being sold on the understanding that neither the editors (or authors of chapters in edited volumes) nor the publishers nor the printers would be liable in any manner to any person either for an error or for an omission in this publication, or for any action to be taken on the basis of this work. Any inadvertent discrepancy noted may be brought to the attention of the publishers, for rectifying it in future editions, if published.

ISBN: 978-81-7233-862-6

Laser typeset : Rajesh Ojha
Printed in India

पूज्य माता पिता
को
समर्पित

Dedicated to my Parents

राष्ट्रीय समुद्र विज्ञान संस्थान
(वैज्ञानिक एवं औद्योगिक अनुसंधान परिषद्)
national institute of oceanographyl
(Council of Scientific & Industrial Research

डॉ. वजीह अहमद नक़वी
निदेशक
Dr. W.A. Naqvi
Director

प्रस्तावना

मेरे लिये यह अत्यन्त प्रसन्नता का विषय है कि संस्थान के पूर्व वैज्ञानिक डॉ. जीयालाल राम जैसवार द्वारा हिन्दी में लिखित पुस्तक "समुद्र एवं मानव" प्रकाशित होने जा रही है। राजभाषा हिन्दी के माध्यम से विज्ञान के क्षेत्र में आधुनिक अनुसंधान व संबंधित उपलब्धियों की जानकारी आम जनता तक पहुंचाने में यह पुस्तक एक सशक्त माध्यम साबित हो सकती है। इस पुस्तक में लेखक ने समुद्री पर्यावरण व उससे संबंधित क्षेत्र में गहन अध्ययन एवं अनुसंधान से प्राप्त ज्ञान को सरल भाषा के माध्यम से रेखांकित कर इसे जन साधारण तक पहुंचाने का सार्थक प्रयास किया है।

प्रस्तुत पुस्तक में महासागरों के विभाजन से लेकर समुद्री जैव विविधता, मैंग्रूव व उसके जैविक विभेद, भारतीय तटों का विकास, तटीय प्रदूषण तथा उसके संरक्षण जैसे विभिन्न विषयों पर विस्तृत जानकारी प्रस्तुत की गई है। इसके अतिरिक्त इसमें मानव एवं समुद्र के मध्य के पारस्परिक संबंधों का भी सूक्ष्मता से निरीक्षण किया गया है। वर्तमान में

दोना पावला, गोवा 403 004
DONA PAULA, GOA - 403 004, India

☎ :91-(0)832-2450 450 e-mail : ocean@nio.org **Regional Centres**
fax :91-(0)832-2450 602/03 URL : http://www.nio.org Mumbai, Kochi, Visakhapatnam

मानव जीवन एवं उसका परिवेश समुद्री प्रदूषण से निरंतर प्रभावित होता जा रहा है। इन परिस्थितियों में समुद्री संपदा के उत्पादन, मूल्यांकन, संरक्षण व अधिकतम उपयोग से संबंधित आधुनिक ज्ञान प्राप्त करना तथा इसे समुद्री नीतियों के निर्धारण व अमल में लाना अति महत्वपूर्ण है।

आकस्मिक प्राकृतिक आपदाएँ सामान्य जन जीवन को अस्त–व्यस्त कर देती हैं। इस पुस्तक में तत्सम्बन्धि जानकारी प्रदान कर भविष्य में इन विपदाओं में सावधानी एवं बचाव के उपायों पर प्रकाश डाला गया है। पुस्तक के अंतिम भाग में स्वस्थ समुद्री पर्यावरण के उपायों के अंतगर्त लेखक ने भविष्य में आने वाली चुनौतियों एवं उनके समाधान पर भी प्रकाश डाला है। समग्र रूप में लेखक डॉ. जीयालाल राम जैसवार ने इस पुस्तक को अत्यंत रोचकता एवं वैज्ञानिकता के साथ सुरूचिपूर्ण ढंग से प्रस्तुत किया है।

मानव एवं समुद्र के चिरंतन संबंधों के विविध आयामों को स्पर्श करती यह पुस्तक अपने महत्वपूर्ण उद्देश्य में सफल हो, लेखक को इस सद्प्रयास के लिए मेरी ढेर सारी शुभकामनाएं।

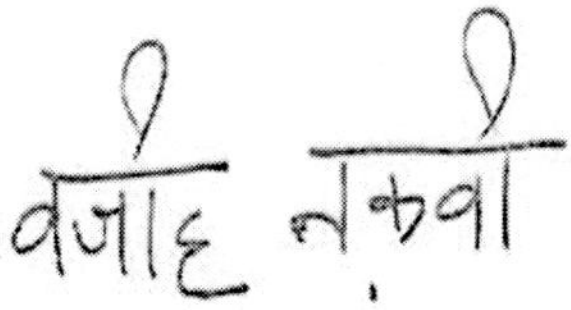

(डॉ. वजीह अहमद नकवी)
निदेशक
सीएसआईआर – राष्ट्रीय समुद्र विज्ञान संस्थान
दोना पावला – 403 004, गोवा, भारत

केन्द्रीय मात्स्यिकी शिक्षा संस्थान
(समतुल्य विश्वविद्यालय) भारतीय कृषि अनुसंधान परिषद्
CENTRAL INSTITUTE OF FISHERIES EDUCATION
(Deemed University) Indian Council of Agricultural Research

डॉ. वजीर एस. लाकड़ा
निदेशक

Dr. W.S. Lakra
Director

प्रस्तावना

भारत एक प्राचीन राष्ट्र है। यहाँ के ऋषि मुनियों ने अपने तपोबल एवं साधना से ज्ञान–विज्ञान की समस्त जानकारियाँ हासिल कर उसे वेदों–पुराणों एवं अन्य माध्यमों से आम जन तक पहुंचाया है। परन्तु गत कुछ कालखण्ड में भारत में लगातार हुए बाहरी हमलों तथा आक्रमणों ने भारत की इस बहुमूल्य धरोहर को छिन्न– भिन्न कर दिया। इसका परिणाम यह हुआ कि हम आज विश्व के पश्चिमी देशों के वैज्ञानिकों के अल्पज्ञान के बल पर ही अपना विकास कार्य कर रहे हैं। लेकिन भारत की स्वतंत्रता के बाद भारत के वैज्ञानिकों ने एक बार पुनः इस धरोहर की ओर रूख किया है और अब हम एक बार फिर से अपने मौलिक ज्ञान–विज्ञान एवं अनुसंधान के कार्यों को सम्पन्न कर रहे हैं।

डॉ. जीयालाल राम जैसवार की समुद्र एवं मानव विषय की पुस्तक इसी श्रृंखला का एक महत्वपूर्ण कदम है। आपने समुद्र की उत्पत्ति, समुद्र प्रसार एवं विभाजन, महासागरों का विस्तृत विवरण, समुद्री जैव विविधता, मैंग्रूव, भारतीय तट एवं प्रदूषण, तटीय संरक्षण एवं कानून, समुद्री पर्यावरण एवं मानव, प्राकृतिक आपदाएं एवं प्रक्रियाएं, समुद्र द्वारा मौसम नियंत्रण, समुद्र तटीय गतिविधियों के कुछ उदाहरण, समुद्र व प्रकृति, स्वस्थ समुद्री पर्यावरण के उपाय एवं निष्कर्ष के चौदह अध्यायों में अपनी पुस्तक में समुद्री ज्ञान का भंडार बड़े ही रोचकता व सरल भाषा के माध्यम से प्रस्तुत किया है।

पंच मार्ग, ऑफ यारी रोड़, वरसोवा, अंधेरी (प.) मुंबई – 400 061, भारत
Panch Marg, Off Yari Road, Versova, Andheri (W), Mumbai - 400 061
Office: 91-022-2636 3404 / 26374306 (R) : 020 - 2636 1656
Email: wslakra@cife.edu.in / lakraws@hotmail.com
Website : http: // www.cife.edu.in Fax : 91-22-2636 15673

आज वैश्विक ग्रीष्मता बढ़ती जा रही है। धरती तप रही है। जल भंडार लुप्त होते जा रहे हैं। जैव–विविधता पर भारी संकट दिखाई दे रहा है। ऐसे समय में वैज्ञानिकगण विश्व के दो–तिहाई क्षेत्र में घिरे अथाह महासागर की ओर आशा भरी नजरों से देख रहे हैं।

मुझे पुरा विश्वास है कि इस पुस्तक के माध्यम से जहाँ समुद्र विज्ञान के विशेषज्ञ डॉ. जीयालाल राम जी ने समुद्र की सम्पन्नता व वैभवता को दर्शाया है वहीं उन्होंने इसके वैज्ञानिक पक्ष को भी सामने रखकर समुद्र विज्ञान के वैज्ञानिकों, विशेषज्ञों व शोधार्थियों के सम्मुख एक आशा की किरण भी जागृत की है।

मुझे पुरा विश्वास है कि यह पुस्तक पाठकों द्वारा अत्यन्त सराही जायेगी। मैं इसके उत्कृष्ट प्रकाशन हेतु डॉ. जीयालाल राम जैसवार को हृदय से बधाई देता हूँ।

डॉ. वजीर एस. लाकड़ा
निदेशक एवं कुलपति
केन्द्रीय मत्स्यिकी शिक्षा संस्थान
समतुल्य विशविद्यालय,
भारतीय कृषि अनुसंधान परिषद
मुंबई – 400 061

आभार

लेखक सर्वप्रथम, सीएसआईआर–राष्ट्रीय समुद्र विज्ञान संस्थान के निदेशक डॉ॰ वजीह अहमद नकवी एवं पूर्व निदेशक डॉ॰ सतीश शेट्ये के प्रति समुद्र अध्ययन संबंधित सुविधाएँ उपलब्ध करने हेतु आभारी है। डॉ॰ एस॰एन॰ गजभिये, प्रभारी वैज्ञानिक, डॉ॰ बी॰एन॰ देसाई, भूतपूर्व निदेशक, एवं डॉ॰ राजीव निगम, वरिष्ठ वैज्ञानिक, सीएसआईआर–राष्ट्रीय समुद्र विज्ञान संस्थान, डॉ॰ एस॰ए॰एच॰ आबिदी, भूतपूर्व निदेशक, मत्स्य शिक्षा संस्थान, मुंबई ने मुझे इस पुस्तक हेतु जो प्रोत्साहन प्रदान किया है, मैं इन सभी का हृदय से आभारी हूँ। मैं कुमारी स्वाति शर्मा एवं भास्कर यंगल को उनके द्वारा प्रदत्त तकनीकी सहायता हेतु विशेषज्ञ रूप से धन्यवाद देता हूँ। दिपाली नागांवकर, प्रतीक्षा आजगांवकर, वैशाली वर्पे, सिद्धेश करंगुटकर, रेश्मा कदम, अनुराग किल्लेदार, अमृता जोशी, स्वप्निल दलवी एवं दीपन्विता आचार्या द्वारा इस प्रयास में की गई सहायता भी उल्लेखनीय है। डॉ॰ राकेश कुमार शर्मा, हिन्दी अधिकारी, डॉ॰ अनिरुद्ध राम जैसवार, वैज्ञानिक, सीएसआईआर–राष्ट्रीय समुद्र विज्ञान संस्थान एवं डॉ॰ राजेश उनियाल, हिंदी अधिकारी, मत्स्य शिक्षा संस्थान, मुंबई ने इस पुस्तक के प्रस्तुतिकरण में मुझे जो सहयोग एवं आत्मिक बल प्रदान किया है, मैं उन्हें हृदय से साधुवाद करता हूँ। अंत में मेरी बेटी रंजू, बेटों राजेश एवं महेश को हृदय से धन्यवाद देता हूँ जिन्होंने पुस्तक की पाण्डुलिपि को प्रस्तुत करने में अथक सहयोग प्रदान किया है। मेरी पोती कुमारी अग्रता जो मुझे कई बार हस्तलिपि पूरा करने के लिए थकने पर, मेरी मदद हेतु अग्रसर होती थी उसकी मैं सहृदय प्रशंसा करता हूँ।

प्रस्तावना

समुद्र ज्ञान, समुद्री संसाधन एवं जैवविविधता, हमारे पर्यावरण का समुद्र से संबंध, मानव गतिविधियों से प्रभावित समुद्री पर्यावरण, इन क्षेत्रों में आधुनिक आविष्कार, विकास व उपलब्धियाँ जो हमारे जीवन से सीधे या परोक्ष रूप से संलग्न हैं, आम लोगों को अवगत कराते हुए साथ ही प्राकृतिक आपदाओं की जानकारी प्रदान करते हुए भविष्य में सावधानी हेतु, इस पुस्तक को एक माध्यम के रूप में हिन्दी में प्रस्तुत किया गया है।

हमें ज्ञात है कि पृथ्वी की सतह का अधिकांश भाग (70.9%) समुद्री जल से ढका है। इतना विशाल समुद्र मानव को न केवल एक सरल जलमार्ग उपलब्ध कराता है, बल्कि खाद्य पदार्थ जैसे नमक के अतिरिक्त भोजन के रूप में तरह–तरह की मछलियाँ व शैवालों को अधिकाधिक मात्रा में उपलब्ध कराते हुए प्राकृतिक प्रोटीन हेतु मानव के लिए सर्वोत्तम स्रोत है। इसके अतिरिक्त समुद्र अनेक रसायनों, खनिजों, नैसर्गिक तेल, गैस तथा ऊर्जा आदि में प्रचुर होने के साथ–साथ अनेक ऐसे जलीय वनस्पतियों एवं जीव जन्तुओं का घर है जो औषधियों के रूप में विशेष स्थान रखते हैं।

मानव के लिए जब धरती पर संसाधन समाप्त हो जायेंगे, सभी आवश्यकताओं को पूर्ण करने हेतु, समुद्रीय भण्डार तब भी उपलब्ध रहेगा। पृथ्वी पर मानव की बढ़ती आबादी तथा पृथ्वी के सीमित क्षेत्रफल में संसाधनों की सीमितता के कारण शायद कभी ऐसी परिस्थिति उत्पन्न हो सकती है, जब हमें पूरी तरह से समुद्र पर ही निर्भर रहना पड़े। आज हम समुद्र से सीमित मात्रा में तेल, गैस, ऊर्जा, खनिज व रसायन प्राप्त करते हैं, परन्तु शायद कभी सम्पूर्ण निर्भरता समुद्र पर ही हो सकती है। आज हम पीने का पानी बहुत ही सीमित मात्रा में समुद्र से लेते हैं परंतु हो सकता है कि

कल शायद पूरा पानी समुद्र से ही प्राप्त करना पड़े। इनके अतिरिक्त समुद्र हमारे पर्यावरण का भी नियंत्रण करता है। इसलिए हमारे लिए नितान्त आवश्यक है कि हम समुद्र संबंधी अधिकाधिक जानकारी प्राप्त करें।

मानव गतिविधियों से न केवल प्रकृति और पर्यावरण का संतुलन ही बिगड़ा है, अपितु समुद्र पर भी इसका गहरा प्रभाव पड़ा है। ऐसे दौर में यह पुस्तक एक बड़ी उपलब्धि है, जिसमें न केवल समुद्र का समस्त मानव के लिए महत्व बताया गया है बल्कि समुद्र को प्रदूषण से किस प्रकार बचाया जाए, इस विषय पर भी गंभीरता से चर्चा की गई है। समुद्र के विभिन्न गुणों का अवलोकन कर इसमें छुपी जानकारी को आम आदमी तक पहुँचाने की आज आवश्यकता है। यह तभी संभव हो सकता है जब हमें सरल एवं बोधगम्य भाषा में समुद्र संबंधित जानकारी उपलब्ध हो जिससे हम मानव की गतिविधियों से प्रभावित होती समुद्री दशा पर गंभीरता से विचार करते हुए इसके संरक्षण के लिए कार्य करें।

समुद्री संसाधन तथा समुद्री जैवविविधता का मानव जीवन में महत्व एवं आधुनिक विकास में लिप्त मानव की गतिविधियों से, उनके संरक्षण की आवश्यकता जैसी भावनाओं से प्रेरित होकर इस पुस्तक को प्रस्तुत किया गया है।

अनुक्रम

सारिणी सूची

अध्याय – 1

समुद्र की उत्पत्ति

पृथ्वी कितनी विशालकाय है, इसका अंदाजा आप इस बात से लगा सकते हैं कि यह आकार में चंद्रमा से लगभग 31 गुना बड़ी है। पृथ्वी की त्रिज्या 6353 कि॰मी॰ है, जो इस बात को साबित करती है कि वह अत्यन्त विशाल है। यह जानकर आश्चर्य नहीं होना चाहिए कि पृथ्वी में 3.5 बिलियन वर्ष पहले चुंबकत्व स्थापित हुआ था, परिणामस्वरूप इसके इर्द–गिर्द का वातावरण सौर्य मंडल की तूफानी हवाओं से खिंचकर बाहर नहीं जा पाया। अब प्रश्न है कि इतनी विशाल पृथ्वी कहाँ से आयी तथा उससे भी बड़ा सवाल यह है कि पृथ्वी की सतह पर इतने विशाल समुद्र की उत्पत्ति कैसे हुई।

पृथ्वी की उत्पत्ति पर वैज्ञानिकों के विभिन्न मत हैं। कुछ वैज्ञानिकों का मत है कि मूलतत्व (Proto planet) के अभिवृद्धि (Accretion) के समय धूल से भरे कणों ने एकत्रित हो कर सौर मंडल में पृथ्वी संरचना में अहम भूमिका निभाई तथा ग्रहों से घिरे एक चट्टान के रुप में अत्याधिक तापमान व वातावरण दाब के बीच एकत्रित हो कर पृथ्वी का रुप लिया।

मौजूद तथ्यों एवं जानकारी के आधार पर हमारा अपना मत ही नहीं, अपितु यह सिद्ध भी हो चुका है कि पहले पृथ्वी एक आग का गोला थी। वह धीरे–धीरे ठंडी हुई इसलिए हम कह सकते हैं कि वह आग का गोला अवश्य सूर्य से टूटा हुए एक छोटा टूकड़ा हो सकता है। अतः कहा जा सकता है कि पृथ्वी सूर्य से टूट कर जब सौर मंडल में आई तथा ऐसे स्थान पर पहुंची जहाँ सूर्य, चन्द्रमा एवं ग्रहों के गुरुत्वाकर्षण बल ने उसे एक निश्चित स्थान प्रदान किया।

हम जानते हैं कि यदि एक गेंद फेंकी जाए तो उसकी दो गति हो सकती हैं। एक तो वह गोल घूम सकती है, दूसरा वह घूमते हुए आगे की तरफ बढ़ सकती है। इसी प्रकार जब पृथ्वी सूर्य

से टूट कर अंतरिक्ष में आ गयी, वह गोल घूमते हुए सूर्य के चारों तरफ परिक्रमा करने लगी।

तब पृथ्वी एक आग का गोला होने के कारण निर्जीव थी। हम जानते हैं कि अंतरिक्ष का तापमान शून्य से भी कम है जिसके कारण वातावरण बहुत ही ठंडा है। इतने कम तापमान के कारण यह आग का गोला धीरे–धीरे ठंडा होता गया एवं इसने पृथ्वी का रुप ले लिया।

पृथ्वी पर इतने विशाल समुद्र की उत्पत्ति पर भी वैज्ञानिकों के विभिन्न मत हैं। कुछ वैज्ञानिकों का मत है कि मूलतत्व ग्रहों के अभिवृद्धि के समय धूल से भरे कण एकत्रित होकर अत्यधिक दाब के कारण चट्टानों में परिवर्तित हुए। वाष्प से लदी ये चट्टानें ज्वालामुखी के कारण पिघली। यह वाष्प जो चट्टानों से निकली, वातावरण के कम तापमान के कारण पानी में परिवर्तित होकर पृथ्वी पर बर्फ के रुप में जमा हुई, जो पुनः पृथ्वी के तापमान से प्रभावित होकर पिघली व पानी में परिवर्तित हो कर निचले भाग में एकत्रित होकर समुद्र का रुप लिया। इन मतों के अनुसार समुद्र का निर्माण इस प्रकार हुआ।

वैज्ञानिकों के कुछ अन्य मत इस प्रकार हैं कि मूलतत्व ग्रहों के अभिवृद्धि के दौरान पृथ्वी जो गैसीय सिलिका से घिरी थी, धीरे–धीरे सौर मंडल में अधिक दाब व कम तापमान के कारण ठोस चट्टानों के रुप में परिवर्तित हुई। अंततोगत्वा सोलर नेबुला (Solar nabula) के मौलिक घटक, विशेष रूप से हाइड्रोजन (H_2), हीलियम (He) एवं ऑक्सीजन (O_2) इत्यादि गैस, तेज हवाओं एवं कम तापमान की वजह से वायुमंडल में उथल पुथल उत्पन्न किया। वायुमंडल में इन मौलिक परिवर्तनों के कारण जब पृथ्वी अभिवृद्धि हुई, वायुमंडल के कम तापमान व पृथ्वी के गुरुत्वाकर्षण के कारण ये गैस वाष्प के रुप में एकत्रित हुई। अंत में वायुमंडल के कम तापमान से टकराकर यही वाष्प पानी में परिवर्तित हुई।

कई मतों के अनुसार वायुमंडल में गैसीय परिवर्तन के कारण वाष्प कम तापमान से पानी में परिवर्तित हुई जिससे वर्षा शुरु हुई। कई हजारों वर्ष तक लगातार मूसलाधार वर्षा होती रही। इस प्रकार इस वर्षा के पानी ने पृथ्वी की निचली सतह पर एकत्रित होकर

विशाल समुद्र का रुप लिया। वर्षा का यह पानी पृथ्वी की सतह को तोड़ते हुए तेज वेग से जिस मार्ग से निचले भाग की तरफ पहुँचा, उस मार्ग ने नदी का रुप धारण किया। यही कारण है कि हर एक नदी ऊँचे स्थान या पहाड़ों से निकल कर समुद्र में समाप्त होती है। इस प्रकार चाहे जो भी प्राकृतिक प्रक्रियाएँ हुई हों, पृथ्वी के अधिकांश भाग (70.9%) पर पानी ही पानी हो गया, जिसे हम महासागर कहते हैं।

पृथ्वी अपनी धुरी पर 24 घंटे में एक चक्कर लगाती है तथा 365 दिन व 6 घंटे में सूर्य के चारों तरफ एक चक्कर लगाती है। पृथ्वी की इतनी तेज गति होने के बावजूद भी गुरुत्वाकर्षण के कारण पानी, पृथ्वी पर ही स्थिर रहता है। अब पृथ्वी की यह तेज गति कभी नहीं रुक सकती, जब तक कि न्यूटन के गति की नियमानुरुप वह किसी बाहरी बल या अन्य वस्तु से टकरा कर अवरोधित न हो।

ज्वार – भाटा

चन्द्रमा की गति व गुरुत्वाकर्षण के कारण समुद्र मे 24 घंटे में दो बार ज्वार (Flood) व दो बार भाटा (Ebb) आता है। इस प्रक्रिया पर सूर्य के अतिरिक्त अन्य ग्रहों के आकर्षण का भी प्रभाव पड़ता है परन्तु वह चन्द्रमा के गुरुत्वाकर्षण की तुलना में बहुत ही कम होता है।

ज्वार के समय समुद्र का पानी तट के ऊपरी भाग की तरफ चढ़ता है। जैसे ही भाटा का समय शुरु होता है, समुद्री जल ऊपरी भाग से समुद्री के निचले भाग अथवा जमीन से समुद्र की तरफ उतरने लगता है। समुद्र के विभिन्न भागों में अलग–अलग समय पर ज्वार–भाटा आता है क्योंकि ज्वार–भाटा चन्द्रमा व पृथ्वी की गति तथा गुरुत्वाकर्षण के कारण निर्मित होता है। पृथ्वी का जो भाग चंद्रमा के गुरुत्वाकर्षण के क्षेत्र में सबसे करीब होता है वहाँ के समुद्र में ज्वार व उसके विपरीत भाग में भाटा होता है।

ज्वार–भाटा के कारण समुद्री तट के नजदीकी खाड़ियों व नदियों में भी पानी चढ़ता–उतरता है। पानी के ऊपर चढ़ने व उतरने की गति के कारण समुद्र में धाराएँ (currents) बनती हैं।

इस प्रकार समुद्र का पानी जब पृथ्वी के एक भाग से दूसरे भाग की तरफ गुरुत्वाकर्षण के कारण विभिन्न वेग से प्रवाहित होता है, समुद्र में जल धारा में विभिन्नता उत्पन्न होती है। कई स्थानों पर जल धारा (water currents) इतनी गतिशील होती है कि समुद्र में छोटी नावों का चलना ही मुश्किल हो जाता है।

समुद्र में जल धारा (Water currents) का दूसरा कारण है कि उषाकाल के समय समुद्री सतह जल, पेंदी के जल की अपेक्षा ठंडा होता है परंतु जैसे–जैसे सूर्य की किरणें तेज होकर पृथ्वी पर सीधे पड़ती हैं, लगभग 12 बजे से 2 बजे समुद्री सतह जल सूर्य की किरणों से प्राप्त उष्मा के कारण पेंदी के जल से अधिक गर्म हो जाता हैं इस प्रकार समुद्री सतह व पेंदी के जल के तापमान की भिन्नता के कारण पानी में गति पैदा होती है। उष्मा सतह से पेंदी की तरफ चलने के कारण पानी में वेग पैदा करती है। यही कारण है कि गहरे समुद्र के पानी में जल धारा, उष्मा की भिन्नता के कारण उत्पन्न होती है। समुद्र के विभिन्न क्षेत्र में जल धारा का वेग अलग–अलग होता है। जल धारा की गति व ऊँचाई (Tide level) कई कारणों पर निर्भर है जैसे समुद्र की गहराई, समुद्र पेंदी की दशा, समुद्र के विभिन्न स्थान, तापमान की भिन्नता, तट की ऊँचाई, चन्द्रमा की स्थिति इत्यादि।

ज्वार व भाटा की अधिकतम सीमा, चंद्रमा की पूर्णिमा व अमावस्या पर निर्भर होती हैं यही कारण है कि अमावस्या व पूर्णिमा को पानी, तट की तरफ अधिकतम चढ़ता एवं उतरता है। समुद्री जल धारा की भिन्नता के कारण, समुद्र के विभिन्न भागों में समुद्री जीव–जन्तुओं की जैवविविधता व प्रजातियाँ भी कुल अलग होती हैं। इतना ही नहीं अपितु समुद्री जल की गुणवत्ता में भी ज्वार व भाटा के कारण विभिन्नता आंकी गई है।

अध्याय – 2

समुद्र प्रसार एवं विभाजन

हम पिछले अध्याय में ज्ञात कर चुके हैं कि पृथ्वी सतह का 70.9% भाग जलमग्न है। विश्व समुद्र का कुल क्षेत्रफल लगभग 3.6 x 10^8 वर्ग कि॰मी॰ है। इससे यह समझा जा सकता है कि समुद्र कितना विशाल है। अब हमें ज्ञात हो गया कि इस विशाल पृथ्वी का केवल 29.1% भाग ही पानी से नहीं ढका है जो हमारे प्रयोग के लिए उपलब्ध है। हालांकि इसमे से कुछ ही भाग हमारे विशेष प्रयोग में आता है। कुछ भाग जो पहाड़ों एवं जंगलों से घिरा है हम अतिरिक्त तरीके से प्रयोग करते हैं।

अब इतने विशाल समुद्र के अध्ययन हेतु वैज्ञानिकों ने समुद्र का विभाजन इसकी भौतिक (Physical) एवं जैविक (Biological) दशा को ध्यान में रख कर किया है। इस आधार पर पिलैजिक (Pelagic) एवं फोटिक (Photic) जोन में समुद्र का विभाजन है। जहाँ तक सूर्य की किरणें पानी को भेदकर पहुँच सकती है, उसे फोटिक जोन कहते हें। समुद्री वनस्पतियों (Phytoplankton) द्वारा प्रकाश संश्लेषण क्रिया खुले समुद्र में अधिक गहराई (100–700 मी) तक देखी गयी हैं। जीव–जन्तु जो फोटिक जोन से मरने के बाद समुद्री पेंदी में पहुँचते हैं, यहाँ के जीव जन्तुओं का आहार बनते हैं। उस जोन को जहाँ प्रकाश नहीं पहुँचता है, एफोटिक (Aphotic) जोन कहते हैं। यहाँ पर रहने वाले जीव–जन्तु, समुद्र की सतह वाले जीवों से भिन्न होते हैं। गहरे पानी की मछलियों की प्रजातियाँ, अधिकतम सूर्यप्रकाश मिलने वाले सतह जल से भिन्न होती हैं।

तापमान के आधार पर भी समुद्र का विभाजन किया गया हैं जो निम्न प्रकार है :

1. मेजोपेलाजिक (Mesopelagic) : यह समुद्र का ऊपरी भाग है।

2. थर्मोक्लाइन (Thermocline) : यह समुद्र का वह भाग है जहाँ तापमान लगभग 12°C होता है, जो गहरे समुद्र में 700–1000 मी॰ के गहराई का भाग है।

3. बेथीपेलाजिक (Bathypelagic) : समुद्र के इस भाग का तापमान 4°C से 10°C के बीच पाया जाता है। इस क्षेत्र में समुद्र की गहराई 1000 मी॰ से अधिक होती है।

पेलाजिक (Pelagic Zone) को भी दो भाग जैसे नेरिटिक जोन (Neritic Zone) व ओसिनिक जोन (Oceanic Zone) में विभाजित किया गया है। ज्वार व भाटा के आधार पर समुद्र के तटीय क्षेत्र को दो भाग में बांटा गया है। जो भाग ज्वार के समय पानी से ढक जाता है व भाटा के समय खुल जाता है, उसे अंतर्ज्वारिय जोन (Intertidal Zone) कहते हैं व जो भाग हमेशा पानी से ढका रहता है, उसे सबटाइडल (Subtidal) कहते हैं। इस तरह समुद्र का विभाजन वैज्ञानिकों ने अपने अध्ययन की सुविधा हेतु कई प्रकार से किया है। पूरे विश्व समुद्र का उसकी भौगोलिक स्थिति के आधार पर निम्न प्रकार से विभाजन किया गया है :

1. प्रशान्त महासागर (Pacific Ocean)
2. अंध महासागर (Atlantic Ocean)
3. हिन्द महासागर (Indian Ocean)
4. दक्षिण ध्रुवीय महासागर (Southern Ocean/ Antarctic Ocean)
5. उत्तर ध्रुवीय महासागर (Arctic Ocean)

पुनः अंध महासागर को उसकी भौगोलिक स्थिति के आधार पर (i) उत्तरी अंध महासागर व (ii) दक्षिणी अंध महासागर में बांटा गया है। इसी प्रकार प्रशान्त महासागर को भी दो भागों में (i) उत्तरी प्रशान्त महासागर व (ii) दक्षिणी प्रशान्त महासागर में विभाजित किया गया है। समुद्र विभाजन निम्नांकित चित्र में देखा जा सकता है।

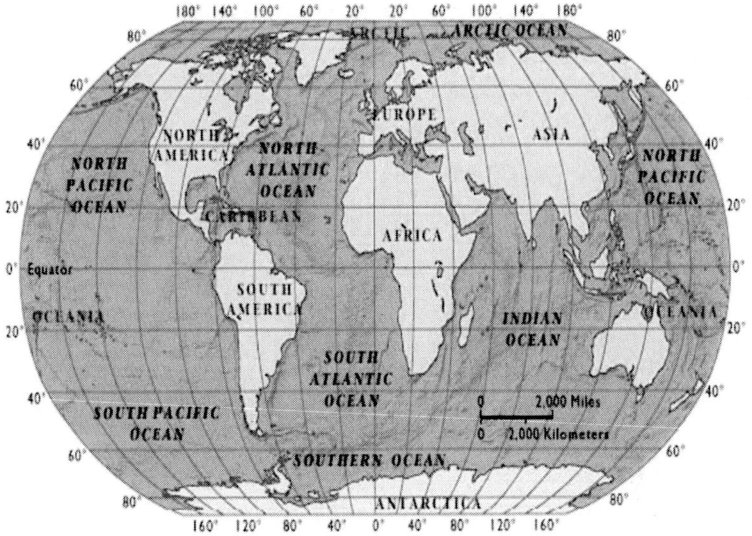

चित्र 1. विभिन्न समुद्र

इस प्रकार दुनिया के सम्पूर्ण समुद्र को 7 भागों में विभाजित किया गया, जिसे लोग 7 समुद्र के नाम से जानते हैं। परन्तु जब से भारत अंटार्क्टिका अभियान 1981 में शामिल हुआ व 1989–90 में अंटार्क्टिका के ऊपर गहन अध्ययन कर वहाँ स्थाई स्टेशन गंगोत्री स्थापित किया, भले ही अंटार्क्टिका दक्षिण ध्रुवीय समुद्र का भाग है, अब समुद्र के आठवें भाग अथवा अंटार्क्टिका समुद्र (Antarctic Ocean) के नाम से जाना जाता है।

इस प्रकार अब पूरे पृथ्वी के समुद्र को अध्ययन की सुविधा हेतु 8 भागों में विभाजित किया गया है। इसलिए अब लोग सात समुद्र की जगह आठ समुद्र की बात करते हैं।

जब समुद्र का पानी जमीन के ऊपरी भाग की तरफ संकरे जल मार्ग से चढ़ता है, उसे खाड़ी (Creek) के नाम से जाना जाता है। जहाँ नदियाँ समुद्र में मिलती हैं उन्हें ज्वारनदसंगम या इश्चूरी (Estuary) के नाम से जानते हैं। इश्चूरी में नदियों के मीठे पानी का प्रभाव होने से इसके अंदर नमक की मात्रा समुद्र की तुलना में साधारणतया बहुत कम (लगभग 5–25 ppt) हो जाती है।

यदि हम पाँच महासागरों की तुलना एक साथ करें तो देखेंगे कि प्रशान्त महासागर सबसे बड़ा है जिसका क्षेत्रफल 165,250,000 वर्ग कि॰मी॰ है। हम आप को अवगत कराना चाहेंगे कि हिन्द महासागर पृथ्वी के सभी महासागरों में तीसरा स्थान रखता है, जिसका क्षेत्रफल 73,560,000 वर्ग कि॰मी॰ है।

इस प्रकार पाँचों महासागरों की स्थिति इस सारणी में दर्शायी गई है।

सारिणी 1. समुद्र विभाजन

महासागर	**क्षेत्रफल (वर्ग कि॰मी॰)**	**औसत गहराई (मी॰)**	**अधिकतम गहराई (मी॰)**
प्रशान्त महासागर	165,250,000	4637 मी॰	मैरियाना खाई 11033 मी॰
अंध महासागर	106,400,000	3926 मी॰	प्यूर्टोरिको खाई 8604 मी॰
हिन्द महासागर	73,560,000	3963 मी॰	जावा खाई 7724 मी॰
दक्षिण ध्रुवीय महासागर	20,330,000	3992 मी॰	दक्षिण सैंडविच 7234 मी॰
उत्तर ध्रुवीय महासागर	14,056,000	1204 मी॰	यूरेशिया बेसिन 5450 मी॰

यदि हम सबसे गहरे समुद्र की बात करें तो प्रशान्त महासागर में मैरियाना खाई (Mariana Trench) है जिसकी गहराई 11033 मीटर है। मैरियाना खाई की लम्बाई 2550 कि॰मी॰ है। मैरियाना खाई जो बोनिन – मैरियाना आर्क (Bonin - Mariana Arc) का भाग है, दो टेक्टोनिक प्लेट (Tectonic plates) की सीमा बनाती है।

अध्याय – 3

महासागरों का विस्तृत विवरण

3.1 प्रशांत महासागर (Pacific Ocean)

प्रशांत महासागर पृथ्वी पर सबसे बड़ा महासागर है। इसका विस्तार उत्तरी ध्रुव से दक्षिणी ध्रुव तक है। प्रशांत महासागर का क्षेत्रफल 1.6 x 10^8 वर्ग कि॰मी॰ है जिसने पृथ्वी सतह के 32% भाग को अकेले जलमग्न किया है। प्रशांत महासागर का मानचित्र नीचे दर्शित किया गया है।

चित्र 2. उत्तरी व दक्षिणी प्रशांत महासागर

इस महासागर की गहराई सर्वाधिक है। यदि हम प्रशांत महासागर की औसत गहराई पर विचार करें तो पाएंगे कि इसकी औसत गहराई 4280 मीटर है। इसकी लम्बाई जहाँ 17,700 कि॰मी॰ है, वहीं चौड़ाई भी 14,500 कि॰मी॰ है, जो इस बात का द्योतक है कि प्रशांत महासागर पृथ्वी पर सबसे विशाल महासागर है। मैरियाना ट्रेंच जो समुद्र में सबसे गहरी खाई है, इसी महासागर की देन है। इस महासागर पर 87 बन्दरगाह हैं। इसमें प्रमुख बन्दरगाह सान फ्रांसिस्को, लॉस एंजेलिस, सीटले, टोकियो – योकोहामा, गोंगहाऊ, हांगकाँग, हैफोंग– वियतनाम, विक्टोरिया–कनाडा, सोंगखला–थाईलैंड, कबे–जापान, कौंटान–मलेशिया, कोलिमा–मैक्सिको, कौलँग –चाइना, शंघाई, मनाली–फिलिपाइन्स, सिडनी–आस्ट्रेलिया इत्यादि हैं। इस समुद्र की प्रमुख मछलियों में सेलमन, हेलीबूट, हेरिंग, सारडीन और ट्यूना हैं तथा मैमल्स में व्हेल व डॉल्फिन हैं। प्रशांत महासागर का तट भी बहुत विशाल है जो 1,35,663 कि॰मी॰ लम्बा है। यदि इस विशाल महासागर के आकार को और आसानी से समझना चाहें तो कह सकते हैं कि यह यूनाईटेड स्टेट से 15 गुना अधिक बड़ा है।

प्रशांत महासागर के जलीय वातावरण पर विचार करें तो जहाँ दक्षिणी ध्रुव की तरफ तापमान 0°C से नीचे गिर जाता है, उसके दूसरी तरफ अथवा भूमध्य रेखा (Equator) की तरफ तापमान 25–30°C तक पहुँच जाता है। यही कारण है कि यह महासागर जैविक विविधता के लिए अत्यंत महत्वपूर्ण है। इस महासागर में जहाँ ध्रुव (Pole) की तरफ विशालकाय स्तनधारी प्राणी व्हेल (Whale) पाए जाते हैं, वहीं अधिक तापमान वाले दूसरे भाग में शार्क (Shark) एवं ट्यूना (Tuna) जैसी मछलियाँ की पैदावार अधिक है।

खारापन (Salinity)

प्रशांत महासागर में खारेपन की मात्रा भी भिन्न भिन्न है। ध्रुव की तरफ खारेपन की मात्रा बर्फ पिघलने के कारण कम होती है परंतु भूमध्य रेखा (Equator) की तरफ या दूसरे भाग में नमक की मात्रा ध्रुवीय भाग से अधिक होती है।

नैसर्गिक संसाधन (Natural Resources)

प्रशांत महासागर की अधिक गहराई के कारण इसमें मौजूद प्राकृतिक सम्पदा के खनन में बाधा आती है। आस्ट्रेलिया व न्यूजीलैंड के समुद्री भाग से प्राकृतिक गैस व तेल निकाले जाते हैं जबकि मोती (Pearl) निकालने का काम आस्ट्रेलिया, जापान, पनामा व फिनलैंड के समुद्री भाग में किया जाता है। इस महासागर में मूँगों की अनेक प्रजातियाँ हैं जिसके कारण इसका महत्व और भी बढ़ जाता है। प्रशांत महासागर की सर्वोच्च लहरें जो तेज हवाओं के साथ उत्पन्न होती हैं, इसकी विशेषता प्रदर्शित करती हैं। इस महासागर के पानी की तरंगों की गति 3–6 कि॰मी॰/प्रतिदिन होती है। ये तरंगे 100–200 मीटर पानी की सतह से नीचे तक होती है। इस महासागर को उत्तरी महासागर व दक्षिणी महासागर में विभाजित किया गया है जो विभिन्न मछलियों की प्रजातियों के लिये धनी माना जाता है। इस महासागर में संकटापन्न (Endangered) समुद्री प्रजातियाँ जैसे डुगांग (Dugang), जलव्याघ्र (Sea lion), सील्स (Seals), कछुए (Turtles) एवं व्हेल (Whale) हैं।

चित्र 3. प्रशांत महासागर में व्हेल

3.2 अंध महासागर (Atlantic Ocean)

अंध महासागर पृथ्वी पर दूसरा सबसे बड़ा महासागर है। इसका कुल क्षेत्रफल लगभग 1.06×10^8 वर्ग कि॰मी॰ है। यह

महासागर पृथ्वी सतह को लगभग 20% अकेले जलमग्न किए हुए है। यह महासागर पश्चिम में अमेरिका व पूर्व में अफ्रीका को स्पर्श करते हुए उत्तर में उत्तरी ध्रुव तो दक्षिण में दक्षिण ध्रुवीय महासागर से लगा है। अंध महासागर का मानचित्र नीचे दिखाया गया है।

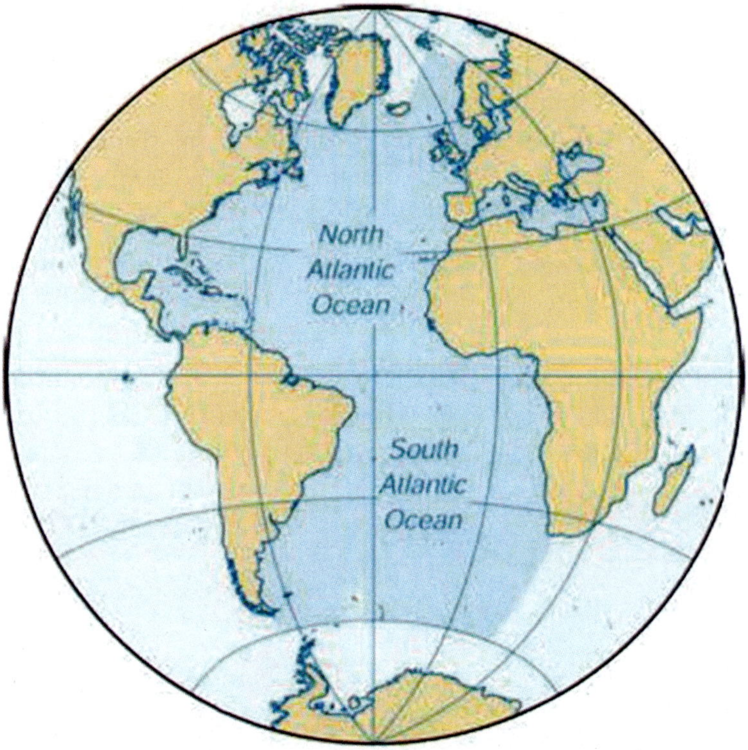

चित्र 4: उत्तरी व दक्षिणी अंध महासागर

इस महासागर की औसतन गहराई 3339 मीटर है। इस महासागर में अधिकतम गहराई (8605 मीटर) "मिलवौकी द्वीप" में प्यूर्टोरिको ट्रेंच की है। अंध महासागर में अटलांटिक रिज (Atlantic Ridge) व वालविस रिज (Walvis Ridge) जैसे पर्वत हैं, जो पूरी तरह पानी में हैं। इस सागर में दूसरी गहरी खाई दक्षिणी सैंडविच ट्रेंच (South Sandwich Trench) के नाम से जानी जाती है जिसकी गहराई 8428 मीटर है। इस सागर में जस्ता, मैंगनीज प्रचुर मात्रा में हैं। इसमें खारेपन की मात्रा करीबन 33 से 37 ppt आँकी

हम्पबैक व्हेल (Hump back whale)

स्पर्म व्हेल (Sperm whale)

किलर व्हेल (Killer whale)

मिंके व्हेल (Minke whale)

चित्र 8. दक्षिणी समुद्र में पाए जाने वाली व्हेल की कुछ प्रजातियाँ

समुद्र में सबसे बड़ा प्राणी ब्लू व्हेल है। व्हेल में सबसे बड़ी ब्लू व्हेल है जिसकी अधिकतम लम्बाई 35 मीटर से भी अधिक देखी गई है। इस ब्लू व्हेल का अधिकतम वजन 136 टन होता है। इससे यह ज्ञात होता है कि ये समुद्र का राजा विश्व का सबसे बड़ा स्तनधारी प्राणी है। अपने बच्चों को समुद्र में दूध पिलाने वाला यह प्राणी मछुआरों के लिए देवता माना जाता है। इसलिए मछुआरे इसे 'देवमासा' कहते हैं। सबसे छोटा व्हेल पिगमी स्पर्म व्हेल (Pigmi Sperm whale) है, जो 3.5 मीटर लम्बी होती है। ये व्हेल समुद्र में मछलियों व प्लवकों को अपना भोजन बनाती हैं।

कहा जाता है कि 50 मिलियन वर्ष पहले व्हेल पृथ्वी पर चलने वाले स्तनधारी प्राणी थे। परन्तु 5–10 मिलियन वर्ष बाद, समुद्र से भोजन प्राप्त करने के लिए उन्होंने अपना रहने का स्थान बदल दिया तथा धीरे–धीरे जलधारी बन गए।

व्हेल की कई प्रजातियाँ धीरे–धीरे कम होती जा रही है, इसलिए उन्हें संकटापन्न (Endangered species) समझा गया है। यदि व्हेल के रहन सहन के बारे में चर्चा की जाए तो प्राप्त जानकारी के आधार पर ये प्राणी ठंडे पानी (Antarctic ocean) को अपना रहने का उत्तम स्थान मानते हैं। परन्तु प्रजनन करने या गर्भधारण हेतु ये अधिक तापमान के समुद्र (प्रशांत महासागर व हिन्द महासागर) को पसंद करते हैं।

ये प्राणी कम होते देखकर अंतर्राष्ट्रीय कानून के तहत, व्हेल पकड़ने पर 1986 में प्रतिबंध (International Whaling Commission) लगाया। फिर भी कुछ देश आज भी व्हेलिंग कर इससे तेल (Liver oil), मांस एवं हड्डियों का व्यापार कर रहे हैं। उनमें जापान, नाव्रे, साइबेरिया व उत्तरी कनाड़ा प्रमुख हैं।

आपको जानकर अद्‌भुत लगेगा कि यह समुद्री विशालकाय प्राणी पूरा जीवन समुद्र में बिताता है परन्तु समुद्र का पानी सीधे नहीं पीता है। यह नमकीन पानी से मीठा पानी निथार कर अपने पीने के लिए प्रयोग करता है। इसलिए इसे एक विशेष स्तनधारी समुद्री प्राणी कहा जाता है।

सील (Seal)

सील्स स्तनधारी प्राणी हैं जो क्लास मैमेलिया (Mammalia) व ऑर्डर कार्नीवोरा (Carnivora) से संबंधित हैं। ये प्राणी जमीन पर थे परन्तु 30 से 40 मिलियन वर्ष पूर्व अपने भोजन हेतु समुद्र में चले गए और धीरे–धीरे ये समुद्री प्राणी बन गए। ये स्तनधारी प्राणी अंटार्क्टिक समुद्र से लगे बर्फ पर अपनी जिन्दगी का कुछ समय बिताते हैं। इसी प्रकार दक्षिणी समुद्र या ध्रुवीय समुद्र में पाए जाने वाले सील्स भोजन हेतु बर्फीले समुद्र में डुबकी लगाते हैं। इनका प्रिय भोजन अंटार्क्टिका में पाई जानेवाली क्रिल्स हैं। जैविकप्लवकों पर इस तरह निर्भर रहने वाले ये भी बड़े विशालकाय प्राणी हैं।

बैकल सील (Baikal seals) जो प्रौढ होने पर 70 किलो वजन तक के हो जाते हैं, उनकी लम्बाई केवल 1.3 मीटर ही होती है। परंतु दक्षिणी समुद्र में हाथी सील (Elephant seals) जो 4 मीटर लम्बे होते हैं, उनका वजन लगभग 4000 टन तक पहुँच जाता है। इसी कारण इन्हें समुद्री हाथी कहा जाता है। यह सील्स कानरहित होते हैं तथा तैरने के लिए इनकी पूंछ व पूंछ पर लगे फिन्स इनके लिए सहायक होते हैं। इनका शरीर लचीला होने के कारण ये अच्छी तरह तैरते हैं तथा पानी में गोता लगा कर अपना शिकार करते हैं। कुछ सील्स की प्रजातियाँ (Sea Lion) के नाम से जानी जाती हैं। जलव्याघ्र की बहुत प्रसिद्ध प्रजाति कैलीफोर्निया जलव्याघ्र (California Sea Lion) को नीचे दिये गए चित्र में देखा जा सकता है :

चित्र 9. कैलीफोर्निया जलव्याघ्र (California Sea Lion)

वॉलरस (Walrus)

वॉलरस विशेष रूप से ठंडे पानी व बर्फ पर विचरण करने वाली प्रजाति है जो ध्रुवीय समुद्र (Arctic Ocean) में बहुधा पाई जाती हैं। यह प्राणी भी लगभग 2000 टन तक के देखे गए हैं। इनके भी बाहरी कान नहीं होते हैं। वॉलरस अधिकतर क्लेम्प्स व दूसरे अकशेरुकी जो समुद्र की पेंदी में होते हैं, उन्हें अपने भोजन के रूप में पसंद करते हैं। चित्र क्रमांक 10 में दक्षिणी समुद्र में पाए जाने वाले वॉलरस को प्रदर्शित किया गया है।

चित्र 10. वॉलरस

आप को ध्यान रहे कि ग्लोबल वार्मिंग (Global Warming) के कारण ध्रुवों का पैक आइस (Pack Ice) धीरे–धीरे पिघल रहा है, जिसके कारण कुछ सील्स व वॉलरस की प्रजातियाँ लापता हो रही हैं या स्थानांतरण कर रही हैं। वॉलरस की कुछ प्रजातियाँ हाल ही में अमेरिका व रशिया के समुद्री तट पर देखी गयी। कनाड़ा के समुद्री तट पर कुछ मरे हुए वॉलरस देखे गए, ऐसी जानकारी प्राप्त हुई।

क्रिल्स (Krills)

ये क्रिल्स विश्व के अनेक कम तापमान वाले समुद्र में पाए जाने वाले युफेसिड (Euphausids) कहे जाते हैं क्योंकि ये ऑर्डर युफेसीयेसी (Euphausiacea) के अंतर्गत आते हैं। ये दिखने में झींगे जैसे होते हैं, इनमें प्रोटीन की मात्रा बहुत अधिक होती हैं। ये अंटार्क्टिक समुद्र में सर्वाधिक पाए जाते हैं। क्रिल्स की एक प्रजाति को चित्र क्रमांक 11 में देखा जा सकता है।

चित्र 11. क्रिल्स (Krills)

पूरे विश्व में क्रिल्स को पकड़ने का आंकड़ा बताता है कि प्रतिवर्ष 150000–200000 टन क्रिल्स पकड़े जाते हैं। जापान, रशिया, चाइना में ये एक अधिक प्रिय भोजन के रूप में प्रयोग किए जाते हैं। अंटार्क्टिका में बहुधा युफेसिया सुपर्बा (Euphausia Superba) प्रजाति पाई जाती हैं। क्रिल्स क्रस्टेशिया (Crustacea) क्लास का समुद्री झींगे का एक प्रकार है, जो ठंडे गहरे समुद्र में अधिक पायी जाती हैं। ये अधिकतम 1000 मीटर तक अपना वास कर पाती हैं। क्रिल्स की दक्षिणी समुद्र में कुल 31 प्रजातियाँ पाई जाती हैं। जब कि पूरे विश्व में इनकी करीबन 85 प्रजातियाँ बताई जाती हैं। प्रशांत महासागर युफेसिया पेसिफिका (*Euphausia pacifiaca*) प्रजाति के लिए जाना जाता है। अंटार्क्टिका की युफेसिया सुपर्बा लगभग 100 मीटर पानी में अधिक पैदावार प्रदान करती है।

क्रिल्स की लम्बाई 4–8 से.मी. तक भी देखी गयी हैं। क्रिल्स पादपप्लवक (Phytoplankton) को अपना आहार बनाती हैं। कुछ

क्रिल्स की प्रजातियाँ भोजन के रूप में कोपेपोड (Copepod) को अधिक पसन्द करती हैं। इस तरह अंटार्क्टिक सागर में, पादपप्लवक – क्रिल्स – स्क्विड – मछलियाँ – पेंग्विन्स – सील्स एवं व्हेल्स, इस प्रकार की भोजन श्रृंखला है।

मछलियाँ (Fishes)

पूरे विश्व में समुद्र में मछलियों की करीबन 32,500 प्रजातियाँ पाई जाती हैं। कई मतों के अनुसार दक्षिणी महासागर में 28000 प्रजातियाँ बताई जाती हैं। जो कुछ भी हो, समुद्र मछलियों के लिए ना केवल सर्वोत्तम प्राकृतिक वास है बल्कि मछली विविधता के लिए अनंत स्रोत है।

ट्यूना (Tuna)

अंटार्क्टिक टूथफिश (Antartic Toothfish)

कॉड फिश (Cod Fish)

चित्र 12. दक्षिणी समुद्र में पाए जाने वाली मछलियों की कुछ प्रजातियाँ

अधिकतर इस सागर में असमतापी (Cold Blooded) मछलियाँ पाई जाती हैं। सफेद शार्क (White Shark) एवं ट्यूना (Tuna) इस दक्षिणी सागर में मशहूर हैं। अंटार्क्टिक कॉड (Antarctic cod), अंटार्क्टिक टूथफिश (Antarctic Toothfish) फेमिली नोटोथिनिडे (Nototheniidae) से संबंधित है। अंटार्क्टिक सागर की मछलियाँ ऐन्टीफ्रिज ग्लाईकोप्रोटीन (Antifreeze glycoprotein) उत्पन्न करती हैं जो उन्हें बर्फीले पानी में रहने की शक्ति प्रदान करती हैं। इस प्रकार छोटी मछलियाँ जो वेडेल सील (Weddel seal) की भोजन होती हैं इनकी भी अनेक प्रजातियाँ पाई जाती हैं। इनमें से ट्यूना, अंटार्क्टिक टूथफिश एवं कॉड फिश के चित्र ऊपर चित्र क्रमांक 12 में नीचे प्रदर्शित हैं।

स्पेन के वैज्ञानिक जीसस माटालानस (Jesus Matallanas) द्वारा हाल ही में 615 मी॰ गहराई से मछली की एक नई प्रजाति का अन्वेषण किया गया जिसका नाम उन्होंने "गोस्ज्तोनीय अंटार्क्टिका (Gosztonyia Antarctica)" दिया जिसे नीचे दर्शाया गया है :

चित्र 13. गोस्ज्तोनीय अंटार्क्टिका (Gosztonyia Antarctica)
Credit : Jesus Matallanas

पेंग्विन (Penguin)

अंटार्क्टिक सागर से जुड़े बर्फ पर पेंग्विन की आबादी अधिक है। पेंग्विन एक पक्षी है जो पक्षी वर्ग (Aves) से संबंधित है। ये

दुनिया के सबसे ज्ञानी पक्षियों में आते हैं। इनका आहार क्रिल्स, मछलियाँ एवं स्क्विड़ होते हैं। इनकी आधी जिन्दगी जमीन पर व आधी समुद्र में गुजरती हैं।

सबसे बड़ी एम्परर पेंग्विन (Emperor Penguin) करीबन 1.1 मीटर ऊँची व 35 किलो वजन की होती है। जो सबसे छोटे पेंग्विन है, उन्हें लिटिल ब्लू पेंग्विन (Little Blue Penguin) कहते हैं। ये फेयरी (Fairy) के नाम से भी जाने जाते हैं। इनकी ऊँचाई करीबन 40 से.मी. व वजन लगभग 1 किलो होता है। पेंग्विन की कुल 17–20 प्रजातियाँ अभी तक देखी गई हैं।

ये अंडा देती हैं तथा अण्डे को सेने का काम आधा समय मादा व आधा समय नर करते हैं। पेंग्विन हमेशा एक कतार में चलती हैं तथा आगे–आगे किंग पेंग्विन चलते हैं। पेंग्विन को आप निम्न चित्र में देख सकते हैं।

चित्र 14. दक्षिणी समुद्र में पाए जाने वाले पेंग्विन

अंटार्क्टिक कानून (Antarctic-Treaty) : 1961 में अंटार्क्टिक कानून (Antarctic-Treaty) विश्व स्तर पर बनाया गया। इसका कारण था कि अंटार्क्टिका के संसाधन पर कोई भी खनन न कर सके तथा इस महाद्वीप की संपदा को कोई क्षति न पहुँचा सके।

इनमें से 12 देश – अर्जेंटाइना, आस्ट्रेलिया, बेल्जियम, चिल्ले, फ्रांस, जापान, न्यूजीलैंड, नॉर्वे, दक्षिण अफ्रीका, सोवियत यूनियन,

यूनाइटेड किंगडम एवं यूनाइटेड स्टेट ने हस्ताक्षर किए। अब इसमे 48 देशों ने हस्ताक्षर कर अपनी सदस्यता मंजूर की है। परन्तु इस कानून की सदस्यता पर भारत ने 12 सितंबर 1983 में हस्ताक्षर किया। अब भारत अंटार्क्टिक कानून (Antarctic - Treaty) का नेतृत्व करते हुए "चेयरमैन" है। अन्य देश जैसे अमेरिका, रशिया, जापान, स्वीडन, चीन, जर्मनी इत्यादि 16 देश अंटार्क्टिक कानून के सदस्य हैं।

3.5 उत्तर ध्रुवीय महासागर (Arctic Ocean)

उत्तर ध्रुवीय समुद्र पृथ्वी के उत्तरी भाग में यूरेशिया (Eurasia) एवं उत्तरी अमेरिका (North America) से घिरा है।

इस महासागर का क्षेत्रफल 1,40,56,000 वर्ग कि॰मी॰ है। इसका सबसे गहरा भाग आर्क्टिक बेसिन के नाम से जाना जाता है, जो 18,456 फुट गहरा है। इस महासागर की औसतन गहराई 1,038 मी॰ है। इसकी तटीय लम्बाई (Coastline) 45,390 कि॰मी॰ है। इस महासागर का उत्तरी भाग पूरे वर्ष बर्फ से ढका रहता है। परन्तु कहा जाता है कि प्रत्येक 10 वर्ष में बर्फ का करीबन 3% भाग कम होता जा रहा है। दक्षिणी भाग के खारेपन (Salinity) की मात्रा दूसरे समुद्रों की तरह होती है। इसके उत्तरी भाग में पानी का तापमान गिरने (–18°C) से बर्फ जमा रहता है। परंतु दक्षिणी भाग में पानी का तापमान 10–20°C तक होता है। इस महासागर पर बने प्रमुख बन्दरगाहों में अमेरिका, कनाड़ा, नार्वे एवं रशिया के बन्दरगाह महत्वपूर्ण हैं। इस महासागर में समुद्री संपदा प्रचुर है। इसमें पेट्रोलियम, प्राकृतिक गैस, तांबा, मैंगनीज, जस्ता इत्यादि प्रचुर हैं। इस महासागर में शार्क, ट्यूना इत्यादि के अतिरिक्त अनेक अन्य मछलियाँ भी पाई जाती हैं। बर्फीले भाग की तरफ वॉलरस, व्हेल व सील पाए जाते हैं।

अध्याय – 4

समुद्री जैवविविधता

4.1 समुद्री जीव–जन्तु

समुद्री जीवों में समुद्री सोंख (Sea sponges), समुद्री एनीमोन (Sea anemone), समुद्री कुकुंबर (Sea cucumber), समुद्री मूँगा (Sea corals), समुद्री मोती, समुद्री सीपी, घोंघा, समुद्री शंख (Sea shells) तथा अन्य गेस्ट्रोपोड्स, समुद्री घोड़े (Sea horses), समुद्री स्पाइडर (Sea spider), समुद्री केकड़े, हरमिट क्रैब (Hermit crab), ऑक्टोपस, मछलियाँ, झींगे, समुद्री उभयचर, जलथली (Sea amphibian), समुद्री कछुएँ (Sea turtles), समुद्री सरीसृप (Sea reptiles), समुद्री साँप (Sea snake), समुद्री पक्षियाँ (Sea birds), जलव्याघ्र (Sea lion), समुद्री व्हेल, डॉल्फिन, शार्क, सील (Seals), तथा वॉलरस (Walrus) इत्यादि अनेक प्रमुख हैं। इस प्रकार समुद्र जीव जन्तुओं की लाखों प्रजातियों का एक उत्तम वास है।

यदि हम पूरे विश्व समुद्र की जैवविविधता को दृष्टिगोचर करें तो आश्चर्यजनक आँकड़े सामने आते हैं। पूरे समुद्र में स्क्विड की लगभग 300 प्रजातियाँ, क्रिल की 85 प्रजातियाँ, मछलियाँ की 32500 प्रजातियाँ, पेंग्विन की 17 प्रजातियाँ व सील की 35 प्रजातियाँ ज्ञात की जा चुकी हैं।

समुद्री जीव एवं जैविक विविधता के लिए जामनगर, गुजरात समुद्री तट का एक उदाहरण नीचे दिया गया है :

राष्ट्रीय समुद्री उद्यान जामनगर (Marine National Park, Jamnagar)

भारत में सर्वप्रथम राष्ट्रीय समुद्री अभयारण्य एवं राष्ट्रीय समुद्री उद्यान का निर्माण 'वन्यजीव संरक्षण अधिनियम 1972' (Wildlife Protection Act, 1972) के अंतर्गत गुजरात में कच्छ की खाड़ी के दक्षिणी तट पर बसे जामनगर जिले में किया गया। भारत सरकार

के इस अधिनियम का मुख्य उद्देश्य इस क्षेत्र की समुद्री जीवों की संकटापन्न प्रजातियों की सुरक्षा तथा लोगों को पश्चिमी समुद्र के संपन्न जलजीवन से अवगत करना है। सन 1980 में ओखा (Okha) से जोडिया (Jodiya) तक के 270 वर्ग किमी॰ के क्षेत्र को समुद्री अभयारण्य घोषित किया गया। और कुछ समय बाद, सन् 1982 में केन्द्र के 110 वर्ग किमी॰ के क्षेत्र को राष्ट्रीय समुद्री उद्यान के नाम से सूचित किया गया। इस समुद्री उद्यान में जामनगर, गुजरात के तटीय क्षेत्र के 42 द्वीप सम्मिलित किए गए हैं जिनमें पिरोटन (Pirotan), नरारा (Narara), अजड़ (Ajad), पोसितारा (Positara) मुख्य द्वीप हैं। जामनगर में स्थित यह राष्ट्रीय समुद्री उद्यान मूँगों एवं मैंग्रूव की प्रजातियों के लिए बहुत धनी माना गया है। इस उद्यान की समुद्री जैवविविधता निम्न सारिणी में दर्शाया गया है।

सारिणी 3. राष्ट्रीय समुद्री उद्यान जामनगर की प्रजातिय विविधता के आंकड़े

जैवविविधता	
विवरण	**प्रजातिय विविधता**
शैवाल	108
मूँगे	56
समुद्री सोंख	70
मछलियाँ	200
झींगा	27
घोंघा	400 +
केंकड़े	30
कछुएँ	3
समुद्री साँप	3
पक्षी	175
सस्तनी	3

जामनगर के समुद्री तट व उस पर अध्ययन करते हुए सीएसआईआर–राष्ट्रीय समुद्र विज्ञान संस्थान के वैज्ञानिकों को आप निम्न चित्रों में देख सकते हैं।

चित्र 15. जामनगर के समुद्री तट का एक दृश्य

चित्र 16. समुद्री तट पर राष्ट्रीय समुद्र विज्ञान संस्थान के वैज्ञानिक अध्ययन करते हुए

सीएसआईआर–राष्ट्रीय समुद्र विज्ञान संस्थान के वैज्ञानिकों ने लेखक के नेतृत्व में एक प्रकल्प के अंतर्गत जामनगर के समुद्र का अध्ययन किया। इस अध्ययन के दौरान लिए गए जामनगर के तटीय क्षेत्र व समुद्र के छाया चित्र निम्न प्रकार है :

चित्र 17. जामनगर का तटीय पथरीला क्षेत्र

चित्र 18. जामनगर के समुद्र का एक समीप दृश्य

मूँगें (Corals)

मूँगें विभिन्न आकार एवं सख्त पदार्थ के होते हैं जो छोटे जीवों, जिन्हें हम कोरल पोलिप्स (Coral Polyps) कहते हैं, के संयोजन से बने होते हैं। ये पोलिप्स सी एनिमोन (Sea anemone)

एवं जैली फिश (Jelly fish) से संबंधित होते हैं। कोरल पोलिप्स समुद्री पानी से कैल्शियम को प्राप्त कर, उसे लाइमस्टोन में परिवर्तित कर देते हैं। इनसे बने आकार को हार्ड कोरल (Hard coral) कहते हैं। इसी तरह कुछ दूसरे प्रकार के पोलिप्स, कैल्शियम व प्रोटीन को, उनके भीतरी अंगों/ढांचों में परिवर्तित कर देते हैं, जो मुलायम होने के कारण सॉफ्ट कोरल (Soft coral) कहे जाते हैं। एक पोलिप्स की मृत्यु के पश्चात् दूसरी पोलिप्स उनके ऊपर अपना वास बनाती हैं, इस तरह से धीरे–धीरे एक बड़े आकार की रचना तैयार हो जाती हैं। बहुत सारी मूँगों की कॉलोनी मिलाकर मूँगों की रीफ का निर्माण होता है। मूँगों की रीफ को ''रेनफोरेस्ट ऑफ सी'' के नाम से जाना जाता है।

लाभ : मूँगों की रीफ विभिन्न मछलियाँ एवं अन्य सूक्ष्म समुद्री जीव–जन्तुओं हेतु उत्तम प्राकृतिक वास है। जैविक विविधता हेतू मूँगों की रीफ विशेष रूप से जानी जाती है क्योंकि यहाँ पर अनेक मछलियाँ अंडे देने एवं लार्वा की परवरिश हेतु आती हैं ऐसा मूँगों वाला क्षेत्र अनेक जीव–जन्तुओं जैसे सोंख, कीड़े, क्रस्टेशियन, मोलस्क, इकाइनोडर्म्स इत्यादि हेतु रहने, खाने, अंडे देने व सेने के लिए उपयुक्त स्थान है।

मूंगें समुद्री आभूषण कहे जाते हैं। यही कारण है कि ये सैलानियों को अत्यधिक आकर्षित करते हैं। जिसका लाभ सरकारी खजाने की वृद्धि में पर्यटन विभाग द्वारा होता है। मूँगों के औषधीय गुण को नजरअंदाज नहीं किया जा सकता क्योंकि मूँगों की रीफ अनेक जीव जन्तुओं हेतु प्राकृतिक वास है जिनसे अनेक रासायनिक पदार्थ उत्पन्न होते हैं। यही कारण है मूँगों की रीफ को ''मेडिसिनल कैबिनेट'' कहा जाता है क्योंकि यहाँ विभिन्न प्रकार के रासायनिक संयुक्त पदार्थ उत्पन्न होते हैं जिससे हृदय रोग, कैंसर, आर्थराइटिस, अस्थमा, अल्सर इत्यादि के लिए दवाइयाँ बनाई जाती हैं।

जामनगर के समुद्र में मूँगों (Corals) की प्रजातियाँ

जामनगर के तटीय क्षेत्र में मूँगों की कॉलोनी तथा मूँगों की रीफ अधिकाधिक पायी जाती हैं।

लेखक की उपस्थिति में उनके विद्यार्थियों द्वारा जामनगर के तटीय समुद्र में लिए गए मूँगों की कुछ प्रजातियों के छायाचित्र नीचे प्रदर्शित हैं :

पोराइट्स (Porites)

प्लेटिग्येरा कोरल (Platygyra)

कॉलीफ्लावर कोरल (Cauliflower coral)

गोनिओपोरा कोरल (Goniopora coral)

फ़ेविया फ़ेवस कोरल (Favia favus coral)

टरबिनेरिया कोरल (Turbinaria coral)

चित्र 19. मूँगों की कुछ प्रजातियाँ

उपरोक्त छायाचित्रों से यह ज्ञात होता है कि जामनगर का तटीय समुद्र मूँगों की विभिन्न प्रजातियों की उपस्थिति से एक विशेष स्थान रखता है। यह आम लोगों के अतिरिक्त वैज्ञानिकों के लिए भी आकर्षण का समुद्री प्रभाग है।

हाल ही में लेखक द्वारा भी जामनगर के समुद्री तट में पाए जाने वाले मूँगों के कुछ छायाचित्र लिए गए जिसमें मरते हुए मूँगों की प्रजातियाँ देखी गयी। उदाहरण के रूप में कुछ प्रजातियाँ नीचे प्रदर्शित है :

साइडरएस्ट्रिया कोरल (Siderastrea coral)

सिम्फ्येलिया रेडियटा (Symphylia radiata)

चित्र 20. मरते हुए मूँगों की कुछ प्रजातियाँ

मूँगों की मृत्यु के विभिन्न कारण हैं जो निम्नलिखित है :

(1) **सिल्टेशन (Siltation)** : समुद्री जल में घुली मिट्टी के बारीक कण जब पेंदी पर बैठ/जमा हो जाते हैं, इस प्रक्रिया को सिल्टेशन कहते हैं। सिल्टेशन प्रक्रिया प्राकृतिक जैसे अपरदन (Erosion) अथवा मानव गतिविधियों, दोनों कारणों से हो सकती है। मानव गतिविधियां जैसे तलकर्षण (Dredging), भूमि उद्धार (Reclamation) या तटीय निर्माण कार्य (Shore & construction) इत्यादि के कारण सिल्टेशन तटीय समुद्र में बढ़ता है। जहाँ मूँगों की प्रजातियाँ अधिक हो ऐसे तटीय क्षेत्र में यदि सिल्टेशन होता है, उनके मरने की आशंका बढ़ जाती है।

(2) **तटीय प्रदूषण (Coastal pollution)** : मानवीय गतिविधियों मूँगों की मृत्यु के विशेष कारण हैं। मानव गतिविधियों

द्वारा प्रदूषणकारी जहरीले तत्व जब तटीय जल में पहुँचते हैं, सीधे रूप से मूँगों की मृत्यु के कारण बन सकते हैं। तेल प्रदूषण, चाहे वह तेल वाहक जहाजों के टकराने, तेल की पाइपलाइन फटने, तेल कंपनियों के द्वारा अपशिष्ट पानी का निष्कासन या अन्य किसी कारणों से हो, मूँगों के लिए विशेष रूप से जानलेवा है। तेल की परत मूँगों को ढक देती है, जिससे मूँगों का उपनिवेशन (Colony formation) रुक जाता है। इसी तरह घरेलू मल–जल का निष्कासन यदि मूँगों के क्षेत्र में हो, हानिकारक प्रभाव बढ़ जाता है।

इन सभी के अतिरिक्त कुछ अन्य कारणों से भी मूँगों पर बुरा प्रभाव पड़ता है जैसे :

मछली पकड़ने के तरीकों से भी मूँगों की कॉलोनी पर बुरा प्रभाव पड़ता है। हम जानते है कि विभिन्न मछलियों की प्रजातियाँ इन मूँगों के समूह में वास करती हैं। अनुचित ढंग से मछली पकड़ने के कारण मछली व मूँगों दोनों पर बुरा प्रभाव पड़ता है। इसके अतिरिक्त मनोरंजनातमक क्रियाएँ (Recreational activities) जैसे गोता लगाना या पानी के अंदर छायाचित्र हेतु टहलना, भी कोरल की मृत्यु के कारण बन सकते हैं।

उपरोक्त किसी भी कारण से जब मूँगे ग्रसित होते हैं, उनकी श्वसन क्रिया पर गंभीर प्रभाव पड़ता है। उनकी कोशिकाएं अपनी प्राकृतिक क्रिया में असमर्थ हो जाती हैं। भोजन पकड़ने अथवा प्राप्त करने में इनके शरीर के अंग काम नहीं कर पाते। परिणामस्वरूप मूँगों की कॉलोनी धीरे–धीरे मरने लगती हैं।

संरक्षण के उपाय : मूँगों के क्षेत्र में तटीय मानव गतिविधियों पर नियंत्रण की आवश्यकता है, जो मूँगों की कॉलोनी का विकास अवरोधित कर देती है। आधुनिक विकास की दौड़ में लिप्त मानव पर्यावरण की सुरक्षा पर ध्यान नहीं देता है। परिणामस्वरूप ऐसे बढ़ते प्रदूषण, जो मूँगों के लिए विध्वंसकारी है, पर नियंत्रण की विशेष आवश्यकता है। तीव्र व अनुपयुक्त तरीकों से उत्पन्न हुई मिट्टी व कीचड़ की बढ़ती मात्रा का नियंत्रण व उचित निष्कासन अनिवार्य है।

तट कटाव की रोकथाम हेतु मैंग्रूव वृक्षारोपण पर अधिक से अधिक ध्यान दिया जाए क्योंकि ऐसा अक्सर देखा गया है कि समुद्र

के किनारे की भूमि मानव विकसित करते हैं जहाँ से आसानी से वर्षा के समय मिट्टी व छोटे कण पानी के साथ जलाशयों में पहुँच जाते हैं। ये कण अंततोगत्वा मूँगों की कॉलोनी पर जमा हो जाते हैं।

शैवाल

समुद्री जल में पाई जाने वाली वनस्पतियाँ जो बहुकोशिकीय होती हैं तथा अपना भोजन दूसरी वनस्पतियों की भांति सूर्य की किरणों की उपस्थिति में पानी की घुली कार्बन डाई ऑक्साइड (CO_2) का प्रयोग कर प्रकाश संश्लेषण क्रिया द्वारा बनाती है। कुछ सूक्ष्म शैवाल जो एक कोशिकीय होते हैं उन्हें पादपप्लवक कहते हैं। विश्व समुद्र में शैवालों की अनेक प्रजातियाँ पाई जाती है। इनमे से कुछ प्रजातियों को रंगों के आधार पर विभाजित किया गया है जैसे हरी शैवाल (Green algae), भूरी शैवाल (Brown algae) तथा लाल शैवाल (Red algae)। मौजूदा जानकारी के अनुसार लगभग 1500 प्रजातियाँ हरी शैवाल की, 1800 प्रजातियाँ भूरी शैवाल की व 6200 प्रजातियाँ लाल शैवाल की पाई गयी हैं।

लाभ : शैवालों की कुछ 221 प्रजातियाँ व्यावसायिक रूप से प्रयोग में आती हैं। इनमें से लगभग 145 प्रजातियाँ भोजन के रूप में व 110 प्रजातियाँ फाइकोकोलाइड (Phycocolloid) उत्पादन के प्रयोग में आती हैं। काफी लम्बे समय से शैवाल जापान और चीन में बुनियादी भोज्य पदार्थ माने जाते हैं। लाल शैवालों में औषधीय गुण अधिक पाया जाता है। ये लाल शैवाल मानव शरीर के रोगशमन तंत्र को ताकत प्रदान करने में उपयोगी सिद्ध हुए हैं। वजन कम करने, कोलेस्ट्रॉल कम करने तथा गेस्ट्रियाटिक समस्या से छुटकारा पाने में भी लाल शैवाल महत्वपूर्ण है। चीन में भूरी एवं लाल शैवाल का प्रयोग दवाइयों के रूप में बहुत किया जाता है। इतना ही नहीं अपितु कैंसर, गोइटर, टेस्टीक्यूलर पेन, एडेमा, यूरिनरी इन्फेक्शन इत्यादि रोगों के इलाज में ये शैवाल बहुत ही उपयोगी सिद्ध हुई हैं। कुछ समुद्री शैवाल विषाणु संक्रमण (Viral infection) के इलाज में प्रभावशाली देखे गए हैं।

कई हरी शैवाल जैसे एंटरोमोरफा (Enteromorpha), अल्वा (Ulva), कोलर्पा (Caulerpa) व कोडियम (Codium) पूरी तरह से भोजन के स्रोत माने जाते हैं। अन्य शैवाल जैसे नोरी (Porphyra) की कई प्रजातियाँ सूप के रूप में प्रयोग की जाती हैं। कोम्बू (Laminaria) व वकामे (Undaria) भी भोजन तैयार करने हेतु प्रयोग में आते हैं। कई कंपनियों द्वारा रासायनिक पदार्थों के स्रोत एवं जैव ईंधन (Biofuel) के रूप में भी शैवालों का उपयोग होता हैं। विटामिन्स, खनिजों एवं सूक्ष्ममात्रिक तत्वों (Trace elements) से युक्त होने के कारण शैवालों को 21वीं सदी का चिकित्सीय भोजन (Medical food) माना जाता है।

शैवाल पर प्रदूषण का बुरा प्रभाव : कंपनियों द्वारा निष्कासित पानी या घरेलू मल–जल द्वारा समुद्र में न्यूट्रीएंटस की मात्रा बढ़ने से कुछ विशेष प्रजातियों की संख्या बढ़ जाती है जिसे ब्लूम कहते हैं। परंतु शैवाल की जैवविविधता विशेष रूप से गिर जाती है। प्रदूषण के कारण ऑक्सीजन बहुत ही कम हो जाती है तथा कुछ रासायनिक कंपनियों के निष्कासित पानी से उत्पन्न विषैले पदार्थों के कारण कई प्रजातियाँ इस प्रदूषित पानी से लुप्त हो जाती हैं।

संरक्षण : हमारे तटीय जल में शैवालों की उपज सुरक्षित एवं स्वस्थ रखने हेतु प्रदूषण पर नियंत्रण की आवश्यकता है। कंपनियों द्वारा निष्कासित पानी या घरेलू मल–जल उचित उपचार के बाद ही उचित स्थान पर समुद्र में छोड़ा जाना चाहिए।

भारतीय समुद्र तथा अंतर्ज्वारिय क्षेत्र को मिलाकर शैवालों की लगभग 700 प्रजातियाँ पाई गयी हैं, इनमें से लगभग 60 प्रजातियाँ व्यावसायिक रूप से प्रयोग में आती हैं।

समुद्र में शैवालों की अनेकों प्रजातियों में कॉलरपा (Caulerpa), अल्वा (Ulva), कोडियम (Codium), हाइपनिया (Hypnea), ग्रेसिलेरिया (Gracilaria), डिक्टियोटा (Dictyota) इत्यादि भारतीय समुद्र के किनारे में अच्छी तरह बढ़ते हैं।

अल्वा (Ulva)

सरगेसम (Sargassum)

कॉलर्पा (Caulerpa)

चित्र 21. शैवाल की कुछ प्रजातियाँ

लेखक तथा उनके विद्यार्थियों द्वारा जामनगर के तटीय समुद्र में लिए गए शैवालों की कुछ प्रजातियों के छाया चित्र निम्न प्रकार हैं :

पडायना (Padina)

कॉलर्पा रेसीमोसा (*Caulerpa recimosa*)

चित्र 22. जामनगर के समुद्र में शैवालों की प्रजातियाँ

उपरोक्त शैवालों के अतिरिक्त जामनगर के तटीय समुद्र में अनेक अन्य जीव जन्तुओं की मौजूदगी की वजह से हमारा समुद्री तट जैविक विविधता में विशिष्ट स्थान रखता है। उदाहरण के रूप में बाइवॉल्व (Bivalve) व सी एनिमोन (Sea anemone) का विवरण निम्न है।

सीप–बाईवॉल्व (Bivalve)

बाईवॉल्व मीठे पानी के अतिरिक्त समुद्र में भी पाए जाने वाले जीव हैं। इनमें से अधिकतम प्रजातियाँ फिल्टर फीडर (Filter feeder) होती हैं। बाईवॉल्व क्लास की कई प्रजातियाँ समुद्री की पेंदी में वास करती हैं। कुछ प्रजातियाँ अपने आप को चट्टानों व अन्य ठोस पदार्थों से संलग्न कर लेती हैं। बाईवॉल्व का आवरण कैल्शियम कार्बोनेट से बना होता है। लेखक तथा उनके विद्यार्थियों द्वारा जामनगर के तटीय समुद्र में लिया गया बाईवॉल्व की एक प्रजाति का छाया चित्र निम्न प्रकार है।

चित्र 23. सीप (Bivalve)

लाभ : बाईवॉल्व जैसे ओयस्टर्स (Oysters), स्केलोप (Scallop), क्लेम्प्स (Clamps) व मसेल्स (Mussels) को आहार के

रूप में प्रयोग किया जाता है। प्राकृतिक मोती (Pearl) का स्रोत भी ओयस्टर्स हैं। अपनी खाद्य उपयोगिता के साथ–साथ बाईवॉल्व का प्रयोग शिल्प कला, गहने व बटन बनाने में भी किया जाता है। इतना ही नहीं बाईवॉल्व का सर्वश्रेष्ठ उपयोग जैव नियंत्रण द्वारा प्रदूषण की रोकथाम में किया जाता है क्योंकि ये प्रदूषणकारी तत्वों व धातुओं (Heavy metals) को अपने ऊतकों (Tissues) के अंदर इकट्ठा कर लेते हैं।

सी एनिमोन (Sea anemone)

समुद्र में निवास करने वाले ये परभक्षी ऑर्डर एक्टिनियारिया (Order Actiniaria) के अंतर्गत आते हैं। सिनीडेरियंस (Cnidarians) की तरह ये भी मूँगों, जेली फिश एवं हाइड्रा (Hydra) से संबंधित हैं। इनके पास अक्सर एक बड़ा पॉलिप (Polyp) होता है जो इन्हें बड़े शिकार को पकड़ने में मदद करता है। एनिमोन अपने आप को अस्थायी रूप से डूबी हुई वस्तु से जोड़ लेते हैं व कुछ अपने आप को मिट्टी में धाँस लेते हैं। इतना ही नहीं कुछ एनिमोन की प्रजातियाँ हर्मिट क्रेब के साथ सहजीवी रूप (Symbiotic relationship) में वास करती हैं। लेखक तथा उनके विद्यार्थियों द्वारा जामनगर के तटीय समुद्र में लिया गया सी एनिमोन की एक प्रजाति का छायाचित्र नीचे प्रदर्शित है :

चित्र 24. सी एनिमोन (Sea anemone)

हैंडफिश (Handfish)

इन्सानों की तरह हाथ पैर वाली मछली भी समुद्र में पायी गई हैं जो जैविक विविधता के क्षेत्र में एक अद्‌भुत खोज हैं। इनकी लगभग 9 नई प्रजातियाँ पाई गयी हैं :

गुलाबी हैंडफिश (Pink handfish) और लाल हैंडफिश (Red handfish)

समुद्री पेंदी पर अपने फिन्स को तैरने की जगह चलने के काम में लेने वाली गुलाबी हैंडफिश उपरोक्त 9 नई प्रजातियों में से एक है। ये लगभग चार इंच (10 सेमी) की होती हैं। इनके सिर्फ चार नमूने ही पाए गए हैं, जो होबर्ट (Hobart) शहर के आसपास तस्मानिया के ऑस्ट्रेलियन द्वीप से लिए गए हैं।

हालांकि 1999 से लेकर अभी तक जीवित गुलाबी हैंडफिश नहीं देखी गयी है। यही कारण है कि वैज्ञानिकों ने इसे एकमात्र विचित्र प्रजाति की श्रेणी में डाल दिया है। चाहे जो कुछ भी हो अब ये प्रजातियाँ संकटापन्न की परिस्थिति में हैं।

चित्र 34. गुलाबी हैंडफिश

चित्र 35. लाल हैंडफिश

स्पॉटेड हैंडफिश (Spotted handfish) और जीबैल हैंडफिश (Ziebell's handfish)

ये स्पॉटेड हैंडफिश निचले भाग में रेतीले तलछट पर तस्मानिया डरवेंट इश्चुरी (Tasmania's Derwent Estuary) व आसपास की खाड़ियों के पास पाई जाती हैं। यह भी अपने फिन्स को समुद्री पेंदी पर चलने के काम में लेती हैं। ये छोटे अकशेरुकी (Invertebrates) जैसे कीड़े व क्रस्टेशियन्स को अपना आहार बनाती हैं। जीबैल हैंडफिश के फिन्स पीले व बैंगनी रंग के होते हैं। ये दोनों प्रजातियाँ भी संकटग्रस्त प्रजातियों की सूची में सम्मिलित हैं।

चित्र 36. स्पॉटेड हैंडफिश

चित्र 37. जीबैल हैंडफिश

मानव शक्ल जैसी मछली (Humanoid Carp)

ऐसी दो मछलियाँ दक्षिणी कोरिया के चोंगजू (Chongju) नामक नगर में एक छोटे पोखर में पाई गयी हैं। इनकी विशेषता है इनकी मानव रूपी शक्ल जो हूबहू मानव की आँख, नाक व होठों से समानता रखती है। ऐसा माना जाता है कि ये दो कार्प मछलियों – कार्प व लेदर कार्प (Leather carp) जिसे टेंगरिन फिश भी कहा जाता है के संकरण (Hybridization) से उत्पन्न हुई हैं। ये लगभग 3 फीट लंबी हैं।

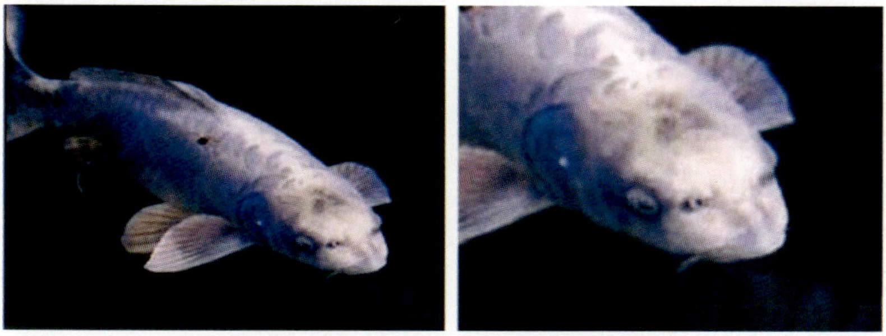

चित्र 38. मानव शक्ल जैसी कार्प

ब्लॉब फिश (Blob fish)

इसका ढीला शरीर लगभग बिना किसी हड्डी का है, अर्थात् यह स्लाईम व म्यूकस से ढका जिलेटिन जैसा वृत्त है, जो समुद्र में

मँडराता है। यही नहीं, इसके पास भी आँख व एक बड़ी नाक के साथ मानव रूपी शक्ल है। यह भी आस्ट्रेलिया में तस्मानिया द्वीप के आसपास पाई जाती हैं। यह एक संकटग्रस्त मछली की प्रजाति है।

चित्र 39. ब्लॉब फिश

हम अवश्य जानना चाहेंगे कि मुंबई का समुद्री तट मछलियों के लिए कितना धनी है। मछली उत्पादन के आंकड़े निम्न सारिणी में दिए गए हैं।

सारिणी 4. मुंबई में मछली उत्पादन के आंकडे

क्रमांक	केन्द्र का नाम	मछली उत्पादन (टन)		
		2007–08	2008–09	2009–10
जोन नं॰ मनोरी (Manori)				
1	गोराई (Gorai)	1920	3590	4494
2	मनोरी (Manori)	3023	5979	8092
3	मार्वे (Marve/Malvani)	1220	2960	5269
4	येरंगल, भाटी (Yerangal, Bhati)	3185	5977	7851
5	जुहू तारा (Juhu Tara)	1	191	238

6	डांडा (Danda)	1470	2463	3985
जोन नं॰ 8 वर्सोवा (Versova)				
7	वर्सोवा (Versova)	50446	37026	33342
8	मड (Madh)	12714	13541	9720
9	पतवाड़ी (Patwadi)	2303	2994	3532
जोन नं॰ 9 मुंबई (Mumbai)				
10	चिंबई (Chimbai)	353	155	134
11	माहिम (Mahim)	780	257	355
12	वरली (Worli)	1130	464	285
13	कफ परेड (Cuff Pared)	2290	771	618
14	माहुल (Mahul)	636	444	206
15	ट्रोम्बे (Trombay)	961	269	325
जोन नं॰ 10 ससून डॉक (Sasoon Dock)				
16	ससून डॉक (Sasoon Dock)	39708	29883	34077
जोन नं॰ 11 फेरी व्हार्फ (Ferry Wharf)				
17	फेरी व्हार्फ (Ferry Wharf)	62539	55717	47037
कुल		**184679**	**162681**	**159560**

हम देख सकते हैं कि फेरी व्हार्फ, ससून डॉक व वर्सोवा में अधिकतम मछलियाँ उतारी जाती हैं। इस प्रकार मुंबई के समुद्र से 2009–2010 में कुल 1,59,560 टन मछलियाँ मछुआरों द्वारा प्राप्त की गयी।

मुंबई के समुद्री भाग में मछलियों की कुछ विशेष प्रजातियाँ उपलब्ध होती हैं जैसे बॉम्बे डक (Bombay duck), सारडिन (Sardine), म्यूलेट (Mullet), पोमफ्रेट (Pomfret), सिंगाडा (Catfish), कॉइलिया (Coilia), थ्रेड फिन्स (Thread fins), बांगडा (Mackerel), सीर फिश (Seer fish), सोलफिश (Sole fish), झींगा

(Prawns), लॉब्स्टर (Lobster), एसिटस (Acetes), लोलिगो (Loligo) इत्यादि अनेक हैं। इनमें से कुछ के चित्र निम्न हैं:

एसिट्स (Acetes)

पोमफ्रेट (Pomfret) (*Pampus chinensis*)

झींगा (Prawns)
(*Metapenaeus dobsoni*)

बॉम्बे डक (Bombay duck)
(*Herpadon nehereus*)

चित्र 40. तटीय समुद्री मछलियाँ

इस तरह हम देख सकते हैं कि समुद्र प्राकृतिक प्रोटीन के लिए बहुत धनी हैं।

भारतीय समुद्री मछलियाँ विदेशियों को भी बहुत पसंद हैं। यही कारण है कि भारत मछली निर्यात के क्षेत्र में अग्रणी है।

मुंबई के समुद्र में आम तौर पर पाई जाने वाली कुछ मछलियों के चित्र निम्न है :

बांगड़ा (*Rastrelliger kanagurta*)

मांदेली (*Coilia dussumieri*)

वागटी (*Lepturacanthus savala*)

सुरमई (*Cybium guttatum*)

तारली (*Sardinella longiceps*)

चित्र 41. मुंबई के समुद्र की कुछ स्थानीय मछलियाँ

4.1.2 समुद्र के अन्य जीव जन्तु

समुद्र तट की रेत अनेक समुद्री जन्तुओं जैसे बाइवॉल्व, ऑलिव शेल्स, वर्म्स, आर्थोपोडस, सेण्ड एनीमोन्स, क्रेब्स इत्यादि के लिए रहने का स्थान है। इसके साथ यह समुद्री तट समुद्री कछुओं (Marine turtle) के अण्डे देने के लिए भी उत्तम स्थान है। आपने सुना होगा कि महाराष्ट्र में रत्नागिरी व मुरुड का बीच समुद्री

कछुओं के लिए अंडा देने व सेने का उत्तम स्थान है। वहीं गुजरात में द्वारका के पास कुरंगा तट का बीच भी समुद्री कछुओं के लिए अतिप्रिय स्थान है। वैसे इनके अतिरिक्त और भी कई स्थान समुद्री कछुओं के अंडा देने का स्थान है। उदाहरण के रूप में निम्न चित्र में कछुआ बीच पर अंडा देते हुए दर्शित हैं :

चित्र 42. समुद्री कछुओं का अंडा देने का स्थान

पथरीले तट के जीव जन्तु

पथरीला समुद्री तट कुछ समुद्री जीवों के लिए एक विशेष सुरक्षित स्थान होता है। यहाँ चट्टानों के छोटे गड्ढे, गैस्ट्रोपोड्स (Gastropods), काइटन्स (Chitons), लिम्पलेट्स (Limplets), ऑएस्टर्स (Oyesters), बार्नेकल्स (Barnecles), काउरीस (Cowries), क्रैब (Crabs), स्टारफिश (Starfish), सी अर्चिन (Sea urchin), गोरगोनिआ (Gorgonia) तथा अनेक शैवाल एवं पादपप्लवक की प्रजातियों के लिए उत्तम स्थान हैं। इनमें से कुछ जीव–जन्तुओं की प्रजातियों के चित्र निम्न हैं :

बार्नेकल्स (Barnacles)

काइटन्स (Chiton)

लिम्पलेट (Limplet)

सी अर्चिन (Sea urchin)

स्टारफिश (Starfish)

गोरगोनिआ (Gorgonia)

चित्र 43. पथरीले समुद्री तट के कुछ समुद्री जीव

4.2 जैविक विविधता का विभाजन

हम समुद्री खाद्य श्रृंखला की निम्नलिखित प्रकार से व्याख्या कर सकते हैं :

4.2.1 प्रथम ऊर्जा उत्पादक (Primary Producer)

पादपप्लवक (Phytoplankton) ऊर्जा उत्पादन के प्रथम स्रोत हैं। समुद्र में केवल जो एक कोशिकीय होते हैं उन की करीबन 50,000 प्रजातियाँ पाई जाती हैं। उदाहरण के रूप में डायटोम (Diatom) जैसे – कोसिनोडिसकस (Coscinodiscus), निश्चिया (Nitzschia), नेविक्युला (Navicula), स्केलेटोनिमा (Skeleton-ema), बिडुल्फिया (Biddulphia), प्लुरोसिगमा (Pleurosigma), गाइरोसिगमा (Gyrosigma), कीटोसिरोस (Chaetoceros), थेलेसीओसिरा (Thalassiosira), फ्रजिलारिया (Fragilaria), लेप्टोसिलिड्रंस (Leptocylindrus) इत्यादि अनेक प्रजातियाँ प्रमुख हैं। इनके अतिरिक्त साइनोफाइसी क्लास (Cyanophyceae) के बहु कोशिकीय पादपप्लवक जैसे फोरमिडियम (Phormidium), ट्राईकोडेस्मियम (Trichodesmium), ओसिलेटोरिया (Oscilatoria) इत्यादि की भी अनेक प्रजातियाँ पाई जाती हैं। कुछ एक डायटोम्स को चित्र 44 में प्रदर्शित किया गया है।

ये पादपप्लवक सूर्य की किरणों को प्राप्त कर, CO_2 की उपस्थिति में अपना भोजन खुद बनाते हैं क्योंकि इनके अंदर मौजूद क्लोरोफिल (Chlorophyll) प्रकाश संश्लेषण क्रिया में मदद करती हैं। किसी भी जलीय भाग में ऊर्जा का उत्पादन यहीं से प्रारंभ होता है। यही कारण है कि इन्हें ऊर्जा का प्राथमिक स्रोत या प्राथमिक ऊर्जा उत्पादक कहा जाता है।

ये पादप प्लवक द्वितीय ऊर्जा उत्पादक जैसे जैविक प्लवक (Zooplankton) के भोजन होते हैं। जैविक प्लवकों की जिंदगी इन्हीं पादप प्लवकों पर निर्भर हैं। पादप प्लवकों की संख्या समुद्र में अत्यंत अधिक होती हैं। इन्हें एक लीटर पानी में हजारों से लेकर करोड़ों तक लेखक ने देखा हैं। लेखक के अनुसार पादप प्लवक प्रदूषण के अच्छे संसूचक (Pollution indicator) होते हैं। पानी में खारेपन की मात्रा भी इनकी प्रजातियों से पता लगाई जा सकती हैं। किसी भी समुद्र, तालाब या नदी के जल की जैविक गुणवत्ता जानने के लिऐ पादप प्लवक का अध्ययन आवश्यक है।

(a) कॉसिनोडिसकस (*Coscinodiscus*)

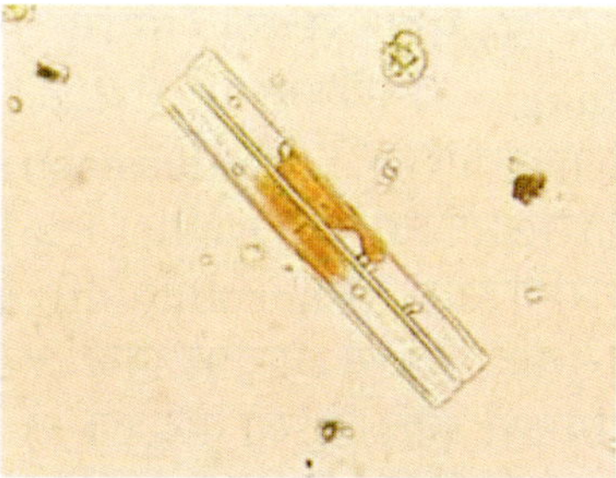

(b) फ्रैजीलेरिया (*Fragilaria*)

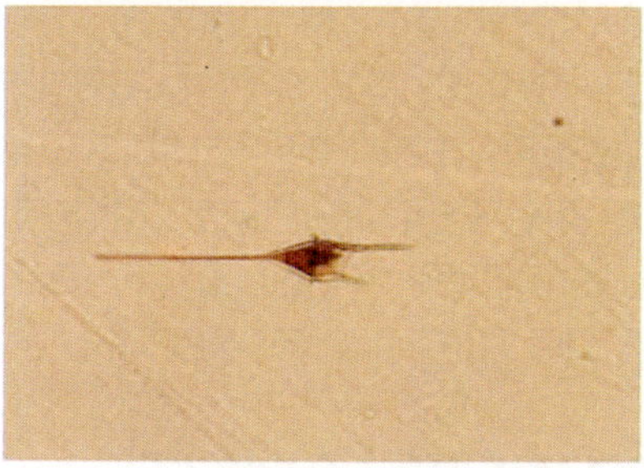

(c) सिरेशियम (*Ceratium*)

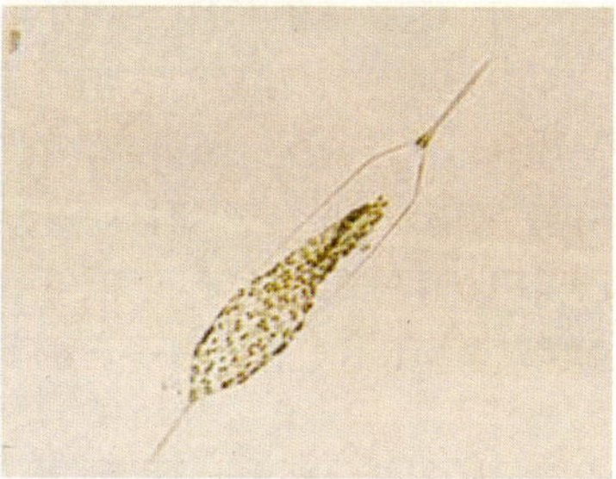

(d) राइज़ोसोलेनियां (*Rhizosolenia*)

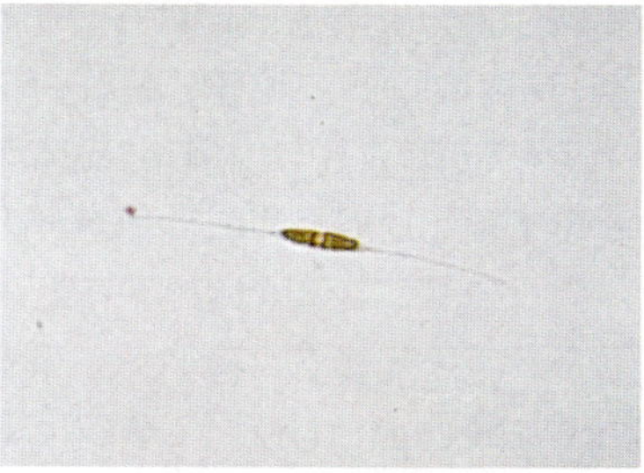

(e) निश्चिया (*Nitzschia*)

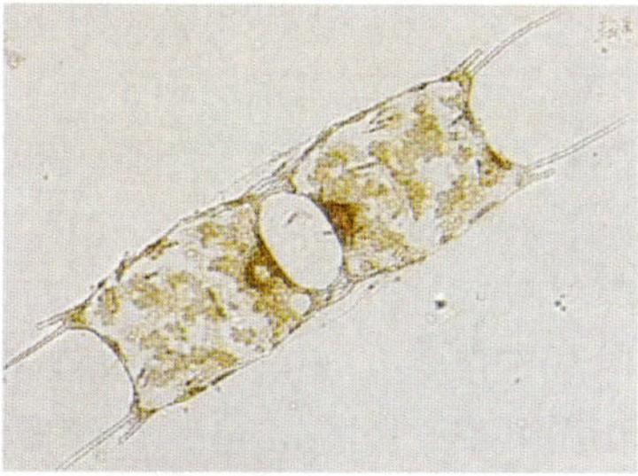

(f) बिड्डुलफिया (*Biddulphia*)

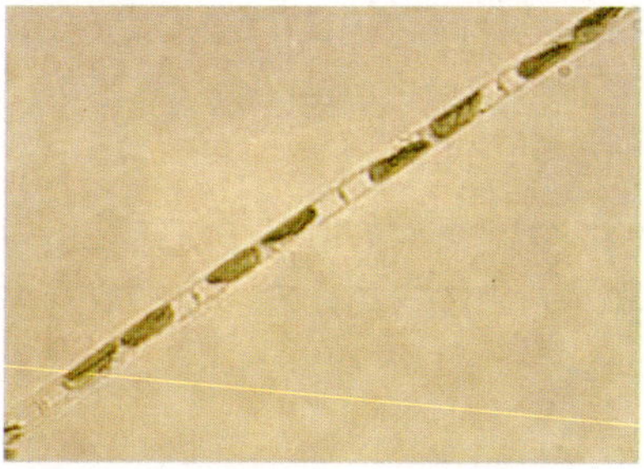

(g) लेप्टोसिलिंड्रस (*Leptocylindrus*)

चित्र 44. पादपप्लवक

प्रदूषण सूचक पादप प्लवक : स्केलेटोनीमा (Skeletonema), निश्चिया (Nitzchia), नेविक्युला (Navicula), थॅलासियोसिरा (Thalassiosira), कीटोसिरोस (Chaetoceros), ओसिलोटेरिया (Oscillotaria), एनाबिना (Anabaena) एवं फोरमिडियम (Phormidium) इत्यादि पादप प्लवक अच्छे प्रदूषण संसूचक हैं। ये पादपप्लवक तटीय समुद्र के उन भागों में अधिक उत्पनन्न होते है जो प्रदूषण से ग्रसित हैं। समुद्री तट के उन भाग में जहाँ न्यूट्रीएंट्स (Nutrients) की मात्रा अधिक हो जाती है तथा पानी में घुली प्राणवायु प्रदूषण के कारण कम हो जाती है, ऐसे जलीय क्षेत्र में कुछ विशेष पादप प्लवकों जो प्रदूषण संसूचक (Pollution indicator) होते हैं, इनकी उपज बढ़ जाती है जो समुद्री खाद्य श्रृंखला को असंतुलित कर समुद्र के जैविक विविधता को कम कर देती है। यही कारण है कि इन्हें प्रदूषण सूचक पादप प्लवक कहते हैं। इस पर लेखक के कई शोध पत्र छप चुके हैं।

4.2.2 द्वितीय ऊर्जा उत्पादक (Secondary Producer)

जल में उपस्थित जैविक प्लवक (Zooplankton) द्वितीय ऊर्जा उत्पादक कहे जाते हैं। पादप प्लवकों से प्राप्त ऊर्जा पर निर्भर होते हैं क्योंकि इनका भोजन पादप प्लवक हैं। जैविक प्लवक छोटी मछलियों के आहार होते हैं। इस तरह ऊर्जा छोटी मछलियों को प्राप्त होती हैं। जैविक प्लवकों की हजारों प्रजातियाँ समुद्र में पाई जाती हैं। जैविक प्लवकों के कुछ उदाहरण इस प्रकार हैं जैसे : कोपेपोड्स (Copepods), कीटोग्नेथ (Chaetognaths), डेकापोड्स (Decapods), ओस्ट्राकोड्स (Ostracods), लूसिफर (Lucifer), आइसोपोड्स (Isopods), ऐम्फिपोड्स (Amphipods), मेडूसी (Medusae), टेनोफोर (Ctenophores) इत्यादि। इनमें से कुछ को चित्र 45 में दर्शित किया गया है।

कुछ प्रजातियाँ प्रदूषण सूचक (Pollution Indicator) होती हैं। इनके अध्ययन से मछलियाँ की उपस्थिति की भी जानकारी मिल सकती है।

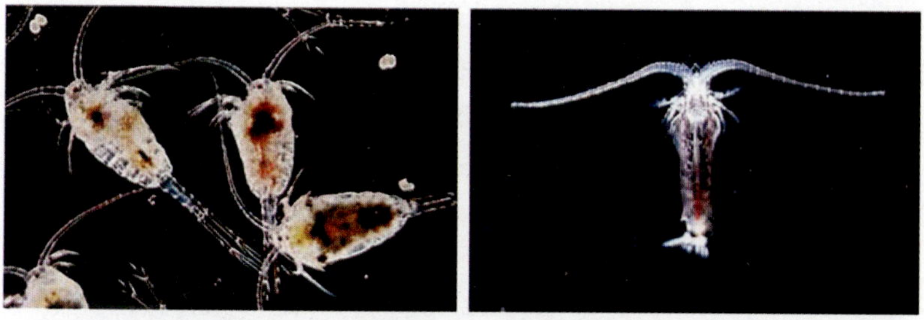

कोपेपोड (Copepod)

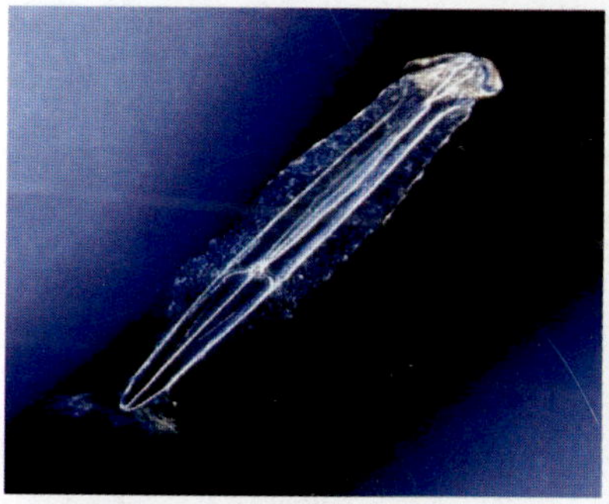

कीटोग्नेथ (Chaetognath)

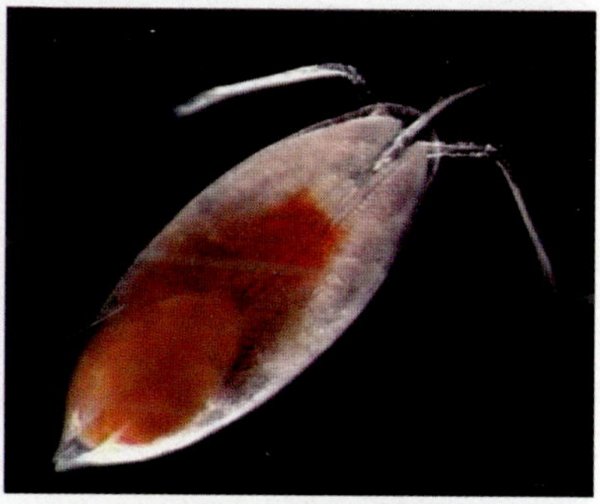

ओस्ट्राकोड (Ostracod)

लूसिफर (*Lucifer*)

ऐम्फीपोड (Amphipod)

चित्र 45. जैविक प्लवक

4.2.3 तृतीय ऊर्जा उत्पादक (Tertiary Producer)

तृतीय ऊर्जा उत्पादक छोटी मछलियाँ हैं जो अपना भोजन जैविक प्लवकों तथा पादप प्लवकों को खाकर प्राप्त करती हैं। हमने पिछले भाग में मछलियों की चर्चा की है।

मछलियों की भी कई प्रजातियाँ प्रदूषण सूचक होती हैं। इन प्रजातियों के अध्ययन से उस जल की गुणवत्ता का पता लगाया जा सकता है। बड़ी मछलियों का भोजन छोटी मछलियाँ होती हैं।

इस प्रकार समुद्री खाद्य शृंखला, पादप प्लवक – जैविक प्लवक – छोटी मछलियाँ – बड़ी मछलियाँ, से अनुबंधित हैं।

4.2.4 तलीय जीव जन्तु (Benthos)

ये जीव जन्तु (Benthic organisms) समुद्र तल में पाए जाते हैं। इनकी हजारों प्रजातियाँ होती हैं। तलीय जीव जन्तु में प्रमुख जीव पॉलीकीट (Polychaetes), गेस्ट्रोपोड्स (Gastropods), फोरामिनीफेरन्स (Foraminiferans), इकाइनोडर्म्स (Echionoderms), बाइवाल्व (Bivalve) इत्यादि हैं।

भारत के पश्चिमी समुद्री तट के तलीय जीव जन्तुओं में पॉलीकीट सर्वाधिक पाई जाती हैं। राष्ट्रीय समुद्र विज्ञान संस्थान (NIO) के वैज्ञानिकों द्वारा लिया गया पॉलीकीट का एक चित्र नीचे दिया गया है।

चित्र 46. पॉलीकीट (Polychaete) *Cossura* sp.

जामनगर के समुद्र में पाए गए गेस्ट्रोपोड्स की कुछ प्रजातियों के चित्र नीचे प्रदर्शित हैं :

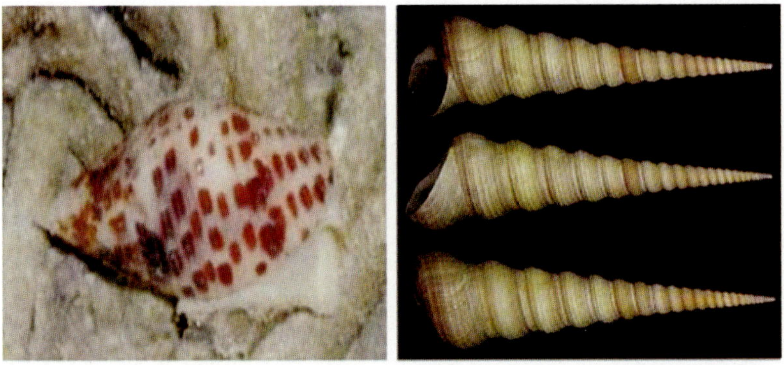

मित्रा कार्डिनालिस *(Mitra cardinalis)* टुर्रिटेल्ला टेरेब्रा *(Turritella terebra)*

चित्र 47. गेस्ट्रोपोड्स (Gastropods)

ये अपना भोजन समुद्र पेंदी में प्राप्त डेट्राइटस (detritus) व अन्य जैविक एवं पादपप्लवकों को खाकर प्राप्त करते हैं पेंदी के मृत जीव जन्तु पर ये बहुधा निर्भर होते हैं। इनमें भी कुछ प्रजातियाँ प्रदूषण सूचक होती हैं।

इस प्रकार अब हमें ज्ञात हुआ कि हमारा समुद्री जीवमंडल जैविक विविधता से कितना संपन्न है। इसके अतिरिक्त विश्वसमुद्र पर अविरल अध्ययन कर रहे विश्वभर के वैज्ञानिकों के अनुसार समुद्री जीवों की प्रजातियों के आंकड़ों की विस्तृत जानकारी आप निम्न सारिणी में देख सकते हैं।

सारिणी 5. समुद्री प्रजातिय विविधता

समुद्री प्रजातिय जैव विविधता		
विवरण	**भारतीय समुद्र**	**विश्व समुद्र**
डायटोम	200 +	1365
शैवाल	844	72500
हरी शैवाल	216	800

लाल शैवाल	434	2000 +
भूरी शैवाल	191	5000
समुद्री घास	14	55
मैंग्रूव	39	101
एककोशीय प्रजीव	532 +	36400
समुद्री सोंख	486 +	>5000
डेकापोड्स (झींगा, केकड़े, श्रीम्प)	922 +	15000
घोंघा	3370	200000
मछलियाँ	2546	32000
सरीसृप	35	3000
कछुएँ	5	7
सस्तनी	25	128

(Source : K. Venkatraman and M. Wafar ``Coastal and marine biodiversity of India" March 2005; *Indian Journal of marine Sciences*. Vol. 43 (1), pp. 57-75)

4.3 जैवविविधता हेतु उत्तम प्राकृतिक वास

4.3.1 तटीय खलीज (Coastal lagoon)

तट पर कई बार समुद्र से अलग होकर कुछ पानी एकत्र होकर एक खलीज का रूप ले लेता है। परंतु समुद्री जल ज्वार के समय खलीज में आता है। बड़े समुद्री खलीज में चिल्का लेक (Chilka Lake) एवं पुलीकट (Pulikat) का नाम शामिल हैं। ये समुद्री खलीज अपनी जैविक विविधता के लिए मशहूर हैं। यहाँ मछलियों की अनेक प्रजातियाँ अच्छी तरह अण्डे देकर अपना उत्पादन सुरक्षित रखती हैं। इस तरह तटीय खलीज समुद्री जैविक विविधता के लिए अपना एक विशेष स्थान रखता है जो मछलियों के अतिरिक्त अनेक समुद्री जीव–जन्तुओं के लिए भी एक उत्तम प्राकृतिक वास है।

4.3.2 ब्रैकिश वॉटर वेटलैंड (Brackishwater wetland)

जब मीठा पानी व समुद्री खारा पानी मिलते हैं, तो उसे ब्रैकिश वॉटर कहा जाता है। यहाँ पर खारेपन की मात्रा समुद्र की अपेक्षा बहुत कम होती है। ये ब्रैकिश वॉटर जहाँ भी होते हैं, मछलियों के उत्पादन के लिए मशहूर होते हैं। समुद्री मछलियों के अतिरिक्त समुद्री जीव जन्तुओं की अनेक विशेष प्रजातियाँ यहाँ पाई जाती हैं। नदियाँ जब समुद्र में मिलती है तो इसे इश्चुरी (Estuary) कहते हैं। इसमें भी खारेपन की मात्रा समुद्र की तरफ (<35 ppt) से नदियों की ओर (3–25 ppt) लगातार गिरती जाती है। इश्चुरी मछलियों के उत्पादन का विशेष प्राकृतिक वास है।

4.3.3 मडफ्लैट्स (Mudflats)

जब नदियाँ समुद्र में मिलती हैं, उनके मुहाने के आजू बाजू की जगह में समुद्री रेत से मिलकर नदियों की मिट्टी जमा हो जाती हैं। नरारा, दमन, दिव तथा गल्फ ऑफ खम्भात के कई भाग मड फ्लैट्स के लिए जाने जाते हैं। यहाँ अनेक तलीय जीव जन्तु (Benthic fauna) व मड स्किपर पाए जाते हैं। मड स्किपर को नीचे दिए गए चित्र में देख सकते हैं।

चित्र 48. मड स्किपर (Mud skipper)

अध्याय – 5

मैंग्रूव

मैंग्रूव (Mangrove) शब्द पोर्तुगीज (Portuguese) में मैंगुए (Mangue) एवं अंग्रेजी के ग्रूव (Grove) को मिलाकर बना है। मैंग्रूव उष्ण कटिबंध (tropical) व समकटिबंध (subtropical) प्रदेशों के अंतर्ज्वारिय क्षेत्र जहाँ समुद्र का पानी ज्वार के समय इनकी जड़ों तक पहुँचता है, समुद्री खारेपन को पसंद करते हुए वहाँ अच्छी तरह उगते हैं। जिस अंतर्ज्वारिय क्षेत्र में मैंग्रूव होते हैं वहाँ के जीव जन्तु से जुड़ा पानी, मिट्टी इत्यादि को सम्मिलित कर उसे मैंग्रूव इकोसिस्टम (Mangrove ecosystem) कहते हैं। मैंग्रूव इकोसिस्टम बहुत ही उपजाऊ होता है। मैंग्रूव समुद्र तट के एकमात्र पेड़ पौधे हैं। इनकी पत्तियां जब पतझड़ के बाद पानी में गिरती हैं, वे पानी में सड़कर उसमें उपस्थित कार्बनिक पदार्थ के वहज से, उस क्षेत्र को अधिक मात्रा में खाद (Nutrients) प्रदान करती हैं। यही कारण है कि मैंग्रूव के क्षेत्र में अनेक प्रकार के शैवाल व पादप प्लवक उत्पन्न होते हैं। इनकी जैविक विविधता सराहनीय रूप से बढ़ जाती है। ऐसा होने से जैविक प्लवकों व छोटी मछलियों को प्रचुर मात्रा में भोजन प्राप्त होता है। यही कारण है कि मैंग्रूव इकोसिस्टम जैविक उत्पादकता के लिए भी मशहूर होता है। यह क्षेत्र मछलियों के उत्पादन के लिए भी अति उत्तम होता है। यहाँ मछलियाँ अण्डे देती हैं। मछलियों के लिए यह एक उत्तम ब्रीडिंग एवं स्पोनिंग स्थान होता है। मैंग्रूव इकोसिस्टम में तलीय जीव–जन्तुओं (Benthic fauna) की अनेक प्रजातियाँ उत्पन्न हो जाती हैं।

फलतः मछलियों की उत्पादकता हेतु मैंग्रूव क्षेत्र उपयुक्त देखा गया है। यहाँ अनेक मछलियों की प्रजातियाँ, केकड़े, लेवटा के अतिरिक्त पक्षी भी अपना बसेरा उत्तम समझते हैं। मैंग्रूव झाड़ियों (Mangrove stands) में पक्षी घोंसले बनाकर अण्डे देते हैं। इनके

बच्चे यहाँ सुरक्षित पलते हैं व भोजन प्राप्त करते हैं। इस प्रकार पक्षियों की अनेक प्रजातियों के लिए भी मैंग्रूव क्षेत्र अति उत्तम देखा गया है। सुंदरवन के मैंग्रूव में अनेक उभयचरी, जलथली (Amphibians) एवं स्तनधारी (Mammals) प्राणी पाए जाते हैं। इस प्रकार जैविक विविधता हेतू मैंग्रूव क्षेत्र अति उत्तम देखे गये हैं। अब हम समझेंगे कि मैंग्रूव किन–किन प्रकार से हमारे लिए व हमारे पर्यावरण के लिए लाभप्रद हैं।

एविसेनिया ओफिसिनेलिस *(Avicennia officinalis)*

अकेन्थस इलिसीफोलियस *(Acanthus illicifolius)*

चित्र 49. मैंग्रूव के कुछ चित्र

मैंग्रूव से लाभ

1. मैंग्रूव दूसरे पेड़ पौधों की तरह प्रकाश संश्लेषण क्रिया द्वारा ऑक्सिजन (O_2) निष्कासित करते व कार्बन डायऑक्साइड (CO_2) ग्रहण करते हैं।
2. मैंग्रूव क्षेत्र बहुत ही उत्पादक होते हैं।
3. मैंग्रूव इकोसिस्टम जैविक विविधता हेतु मशहूर हैं।
4. तट कटाव को रोककर मैंग्रूव समुद्रतट की रक्षा करते हैं।
5. मैंग्रूव क्षेत्र मछलियों के लिए अति उत्तम ब्रीडिंग एवं नर्सिंग ग्राऊन्ड है।
6. पक्षियों की अनेक प्रजातियाँ मैंग्रूव स्टैंड को अपने अण्डे देने व सेने तथा चूजों की परवरिश हेतु उत्तम समझती हैं।
7. मैंग्रूव प्रदूषणकारी तत्वों (कार्बनिक पदार्थ) को अपने अंदर खाद (nutrients) के रुप में लेकर प्रदूषण कम करते हैं।
8. सुनामी लहरों को रोककर मैंग्रूव इनसे हमारी व तट की रक्षा करते हैं।

इस प्रकार मैंग्रूव हमारे पर्यावरण व हमारे लिए अत्यंत लाभ दायक है। उनकी रक्षा करना हमें अपना कर्त्तव्य समझना चाहिए।

बहुधा देखा गया है कि निम्न प्रकार से मानव की गतिविधियाँ मैंग्रूव के लिए हानिकारक हैं :

1. मैंग्रूव हमारे घरेलू जानवरों जैसे ऊँट, भैंसों द्वारा चर लिए जाते हैं।
2. मैंग्रूव को लोग ईंधन के लिए काटकर ले जाते हैं।
3. मैंग्रूव की कटाई या मैंग्रूव क्षेत्र की भरनी कर के इमारते बनाई जाती हैं।
4. डैम इत्यादि को बनाते समय कभी–कभी पानी मैंग्रूव क्षेत्र में छोड़ देने से नमक की मात्रा कम हो जाती है जिससे वे मुरझा अथवा मर जाते हैं।

5. जल प्रदूषण भी मैंग्रूव की उपज कम करता है क्योंकि नाजुक अंकुर (Seedlings) मरने से मैंग्रूव वृक्षों की संख्या कम हो जाती है। इन पर प्रदूषणकारी तत्वों जैसे जहरीले पदार्थों या अम्लों का गहरा प्रभाव पड़ता है बहुधा प्रदूषण से वे मर जाते हैं। परन्तु कार्बनिक प्रदूषणकारी पदार्थ जो अधिकतः महानगरों के मल–जल के साथ नदी/समुद्र में पहुँचता है, उससे नव–पौध को नुकसान नहीं पहुँचता, बल्कि ये नव पौध के लिए खाद का काम करता है।
6. यदि अंतर्ज्वारिय क्षेत्र में पानी चढ़ने–उतरने/सैलाब (Inundation) को रोक दिया जाए तो मैंग्रूव की श्वसन क्रिया में प्रमुख भूमिका निभाने वाले निमेटोफोर (Pnematophores) काम करना बंद कर देते हैं। इससे मैंग्रूव की श्वसन क्रिया अवरुद्ध हो जाती हैं। परिणामस्वरूप मैंग्रूव कई बार सूख जाते हैं या मर जाते हैं।

अब हम समझना चाहेंगे कि इतना लाभकारी मैंग्रूव हमारे देश में कहाँ–कहाँ और कितने क्षेत्र में फैला है।

फोरेस्ट सर्वे ऑफ इंडिया (Forest Survey of India) के स्टेट फोरेस्ट रिपोर्ट, 2005 (State Forest Report, 2005), के देहरादून के सैटेलाइट क्षेत्र के अनुसार कुल भारत में 4,445 वर्ग कि॰मी॰ क्षेत्र में मैंग्रूव प्रसारित हैं। कुल मैंग्रूव क्षेत्र का 57% दक्षिणी समुद्री तट पर, 23% पश्चिमी समुद्री तट पर व अवशेष 20% अंडमान निकोबार के समुद्री तट पर मैंग्रूव द्वारा आच्छादित है। इसका विवरण निम्न प्रकार है।

सारिणी 6. भारत में मैंग्रूव का क्षेत्र

क्र॰सं॰	**राज्य**	**घना (वर्ग कि॰मी॰)**	**कम घना (वर्ग कि॰ मी॰)**	**छितरा (खुला) (वर्ग कि॰मी॰)**	**कुल क्षेत्र (वर्ग कि॰मी॰)**
1	आंध्र प्रदेश	0	15	314	329
2	गोवा	0	14	2	16
3	गुजरात	0	195	741	936

4	कर्नाटक	0	3	0	3
5	केरल	0	3	5	8
6	महाराष्ट्र	0	58	100	158
7	ओडिसा	0	156	47	203
8	तमिलनाडू	0	18	17	55
9	पश्चिम बंगाल	892	895	331	2,118
10	अंडमान–निकोबार	255	272	110	637
11	दमन/दीव	0	0	1	1
12	पोण्डीचेरी	0	0	1	1
कुल		**1,147**	**1,629**	**1,669**	**4,445**

(*Source :* Jeyaseelan, M.J.P., Krishnamurthy, K, Proe. *Indian Natt. Sci. Acad.* (B : Biot. Sci.), 46 (1), 1980, 48-53).

संपूर्ण भारत में मैंग्रूव की कुल 35 प्रजातियाँ अभी तक देखी जा चुकी हैं जो 16 वर्ग (Genera) से संबंधित हैं। एक आँकडे के अनुसार चैन्नई पिचावरमम में एक हैक्टर मैंग्रूव द्वारा 8 टन कार्बनिक पदार्थ पत्तियों के सड़ने से मापा गया। एक अध्ययन के अनुसार (प्रिन्स जेयासिलन, 1981) पिचावरम मैंग्रूव इकोसिस्टम में कुल 67 प्रजातियाँ पाई गई। पिचावरम मैंग्रूव इकोसिस्टम में करीबन 120 प्रजातियाँ पादपप्लवकों (Phytoplaknton), 30 प्रजातियाँ केकड़ों, 30 प्रजातियाँ मोलस्कों तथा 200 प्रजातियाँ मछलियों की बताई गई।

कुछ अन्य अध्ययनों के अनुसार मैंग्रूव की भारत में कुल 59 प्रजातियाँ देखी गई हैं। जो कुछ भी हो, मैंग्रूव की अनेक प्रजातियाँ न केवल हमारे पर्यावरण को स्वस्थ रखती हैं बल्कि हमें भोजन देने में सीधे–सीधे हितकारी हैं। सुनामी की लहरों को रोकने में मैंग्रूव की विशेष भूमिका देखी गई है।

मैंग्रूव की कुछ प्रमुख प्रजातियाँ निम्नलिखित हैं : एवीसीनिया मेरीना, ए॰ आफीसीनेलिस, राइजोफोरा अपीकुलेटा, रा॰ मुक्रोनेटा, सोनेरेसिया अल्बा, एजीसिरास कोर्नीकुलेटम, फोयानिक्स पडुलोसा, निपा फुटीकन्स, हेरीटिरा फोम्स इत्यादि। मैंग्रूव की निम्न प्रजातियाँ एजिएलिटिस रोतंदिफोलिया, हेरीटिरा फोम्स, हेरीटिरा

(x) **छिपकली (Lizard)**: समुद्री छिपकलियाँ (Water Monitor Lizard) जिसे वैरानस सालवेटर (Varanus salvator) प्रजाति के नाम से जानते हैं, करीबन 3 मीटर तक लम्बी होती हैं। ये प्राणी कछुओं के अण्डों को बहुत पसंद करते हैं। ये अब सुंदरवन के मैंग्रूव क्षेत्र से संकटापन्न प्रजाति (endangered species) हो चुकी है।

चित्र 55. समुद्री छिपकली वैरानस सालवेटर (Varanus salvator)

(xi) **पक्षी (Birds)** : हम पहले ही जिक्र कर चुके हैं कि पक्षियों की अनेक समुद्री प्रजातियाँ मैंग्रूव इकोसिस्टम को अपने घोंसले, अण्डे देने व सेने के लिए उत्तम एवं सुरक्षित समझते हैं। इसमें प्रमुख पक्षी – किंगफिशर (King Fisher), हेरान्स (Herons), पेलिकन (Pelican), समुद्री ईगल (Sea eagles), काईट्स (Kites), सैंडपाइपर (Sandpiper), कर्लियु (Curlews), टेरिस (Terris), एवं बतख (Ducks) इत्यादि हैं। ये अपना भोजन मछलियों, शैवाल, घास इत्यादि से पूरा करती हैं। कुछ समुद्री पक्षियों को चित्र 56 में प्रदर्शित किया गया है।

किंगफिशर (King Fisher)

पेलीकन (Pelican)

बतख (Ducks)

चित्र 56. पक्षी (Birds)

(xii) **बाघ (Tiger)** : रॉयल बंगाल टाइगर (Royal Bengal Tiger) जो पेंथरा टाइग्रिस टाइग्रिस (Panthera tigress tigress) प्रजाति का है, सुन्दरवन के मैंग्रूव जंगल में बहुधा पाया जाता है। सुन्दरवन के मैंग्रूव जंगल में करीबन 250 टाइगर रहते हैं।

(xiii) **समुद्री गाय (Sea Cow)** : डुगाँग डुगाँग (Dugong Dugong) प्रजाति की स्तनधारी प्राणी जिसे समुद्री गाय (Sea Cow) के नाम से जाना जाता है, मैंग्रूव में घास चरते देखे गए हैं। अब ये प्राणी भारत में विलुप्त (Extinct) होते नजर आ रहे हैं।

(xiv) **ओटर्स (Otters)** : मैंग्रूव स्वैप में ओटर्स अपना भोजन सी–आर्चिन, क्रैब, क्लैंप, मसिल्स, स्क्विड, ऑक्टोपस व मछलियों को खा कर पूरा करते हैं।

(xv) **बंदर (Moneky)** : एक विशेष प्रकार का समुद्रतटीय बंदर कहा जाने वाला प्राणी, (Crab eating macaque) जो केकड़े खाता है, केवल अंडमान निकोबार के मैंग्रूव में देखा गया है। अब यह प्राणी संकटापन्न (endangered species) प्रजाति हो चुका है।

चित्र 57. समुद्रतटीय बंदर (Crab eating macaque)

इस प्रकार हमने देखा कि मैंग्रूव जो समुद्र के अंतर्ज्वारिय क्षेत्र में एकमात्र पौधे हैं, हमारे जीवन के लिए, हमारे पर्यावरण के लिए व हमारे इद्र गिद्र अन्य प्राणियों के लिए कितना महत्वपूर्ण हैं।

5.2 मैंग्रूव की सुरक्षा (Conservation)

अब यह हमारा कर्त्तव्य है कि हम मैंग्रूव की सुरक्षा करें। मैंग्रूव को काटने, जलाने, मरने, सूखने व प्रदूषित पदार्थों के प्रभाव से नष्ट होने से बचाएं। सरकार द्वारा मैंग्रूव संबंधित सुरक्षा कानून में मदद कर, इनकी रक्षा में अहम भूमिका निभाएँ। कंपनियों एवं निर्माण कार्य में लगे बिल्डरों इत्यादि से हमारी अपील हैं कि मैंग्रूव की सुरक्षा पर विशेष ध्यान देते हुए इन्हें काटने अथवा नष्ट होने से बचाने में अपना अधिकाधिक योगदान दें। हमारा निवेदन सरकार से भी है कि मैंग्रूव सुरक्षा हेतु बने कानून को नियमतः लागू (implement) करवाएँ।

5.3 मैंग्रूव रोपण (Mangrove afforestation)

मैंग्रूव रोपण सरकार एवं वन विभाग का एक विशेष प्रोग्राम है जिसमें हम सभी मदद करें। कंपनियों का कर्त्तव्य है कि मैंग्रूव रोपण कर उन अंतर्ज्वारिय क्षेत्रों को हरित करें जहाँ जगह बिना किसी पौधों के नंगी (Barren) पड़ी है। हमारी अपील बिल्डर समाज से भी है कि वे मैंग्रूव रोपण में अपना योगदान देकर सरकार द्वारा उचित जगह प्राप्त करें तथा वृक्षारोपण करें।

सरकार से हमारा आग्रह है कि समुद्र तट पर ऐसी अंतर्ज्वारिय जगह जो आज बिना मैंग्रूव की है, उसे मैंग्रूव रोपण हेतु आसानी से उन्हें प्रदान करें, जो इस कार्य के लिए स्वेच्छा से निवेदन करते हैं। सरकारी–अधिकारी ऐसे प्रस्ताव पत्रों को वरीयता के साथ कम समय में लोगों को अंतर्ज्वारिय जगह प्रदान करें जिस पर मैंग्रूव रोपण आसानी से तथा अधिक से अधिक हो सकें। इससे हमारे तटीय क्षेत्र की न केवल उत्पादकता बढ़ेगी बल्कि हमारा तट सुरक्षित होगा एवं पर्यावरण भी स्वस्थ होगा।

अध्याय – 6

भारतीय तट एवं प्रदूषण

भारतीय तट जो 7517 कि॰मी॰ लम्बा समुद्री किनारा हैं, एक स्वस्थ जलवायु, मौसम एवं सुन्दर नारियल तथा ताड़ के वृक्षों से घिरा, पौधों की विविधता में गणनीय हैं। भारतीय तट की सुन्दरता उसके समतल, लम्बे व बलुआर समुद्री किनारों (Beaches) से है, जो पर्यटकों/सैलानियों को प्रलोभित करते हैं। भारतीय तट की विशेषता तट पर बसे मछुआरों की घनी आबादी से है। मछुआरों की दिन–रात मछली पकड़ने की प्रक्रिया व इस व्यवसाय में उनका अथक परिश्रम, न केवल भारत के खाद्य पदार्थ का एक प्रमुख अंग है, बल्कि उनके द्वारा पकड़ी हुई मछलियाँ पर्यटकों की अच्छी पसंद हैं। समुद्र न केवल भोजन का पूरक है, बल्कि भारत के अधिकांश लोगों में समुद्री भोजन (Sea food) एक अत्यंत आकर्षक व प्रमुख खाद्य पदार्थ है। भारतीय तट के क्षेत्र में वर्षा लगभग 50 से॰मी॰ से भी कम होती है।

यदि हम भारतीय तट के भौगोलिक स्थिति पर ध्यान दें, तो देखेंगे कि दक्षिण एशिया का भाग भारतीय प्लेट (Indian Plate) पर हैं। इस तरह भारत 8° 4 एवं 37° 6 अक्षांश (Latitude) तथा 68° 7 एवं 97° 25 रेखांश (Longitude) के बीच है। भारत का कुल क्षेत्रफल 3,287,263 वर्ग कि॰मी॰ होने से यह विश्व का सातवाँ सबसे बड़ा देश है। भारत के दक्षिण–पश्चिम में अरब सागर, दक्षिण पूर्व में बंगाल का उपसागर तथा दक्षिण में हिन्द महासागर (Indian Ocean) है। भारतीय पेनिन्सुला (प्रायद्वीप) के दक्षिण में कन्याकुमारी है। सबसे दक्षिण में अंडमान निकोबार द्वीप (Andaman Nicobar Island) है। मालदीव, श्रीलंका एवं इंडोनेशिया जैसे देश भारत के दक्षिण में हैं। मन्नार की खाड़ी (Gulf of Mannar) के द्वारा श्रीलंका भारत से अलग होता है।

भारतीय समुद्री सीमा (Indian territorial water) समुद्र में करीबन 12 नौटिकल मील (Nautical miles) की दूरी तक मापी जाती है। भारत का उत्तरी भाग हिमालय (Himalayan Mountain) की ऊँची चोटियों (29,000 फीट) से प्रसिद्ध है। बर्मा (Burma) को भारत से चीन पहाड़ियाँ (China hills) व कचिन पहाड़ियाँ (Kachin Hills) अलग करती हैं। इसी तरह खासी पहाड़ियाँ (Khasi Hills) एवं मिजो पहाड़ियाँ (Mizo hills) बंगलादेश व भारत को विभाजित करती हैं। भारत की गरिमा ही नहीं बल्कि जल से प्रचुर गंगा नदी देश की शान है। हम जानते है कि गंगा – ब्रह्मपुत्र भारत के उत्तरी मध्य एवं पूर्वी भाग से संबंधित है, वहीं दक्षिणी भाग दक्कन पठार (Deccan Plateau) से घिरा है। इस प्रकार सभी नदियाँ समुद्र में मिल कर भारतीय तटीय समुद्र को न केवल बहुत ही उत्पादक बल्कि जैविक विविधता के क्षेत्र में एक उच्च श्रेणी में पहुँचाती हैं।

6.1 भारतीय तट विकास

हमारा तटीय समुद्र न केवल जैविक विविधता के लिए उच्च है बल्कि एक सरल जल माग्र के साथ लाखों–करोड़ों लोगों के लिए व्यवसाय हेतु एक उत्तम क्षेत्र प्रदान कर आकर्षण का केन्द्र है।

तट पर बने बन्दरगाह (Ports) तथा छोटे जलपोतों के लिए धक्के (Jetty) तट विकास में विशेष भूमिका निभाते हैं। समुद्र तट का भाग अनेक प्रकार की कंपनियों को इसलिये पसंद है कि उनके कच्चे माल (Raw Materials) लाने व उनका बनाया हुआ माल (Products) ले जाने में जलमार्ग की सस्ती एवं आसान सुविधा प्राप्त होती है। माल के आयात निर्यात हेतु समुद्र सबसे उत्तम जलमार्ग है। यही कारण है कि देश की बड़ी मध्यम व छोटी सभी प्रकार की कंपनियाँ तट के पास अपना विकास करना चाहती है। परिणामस्वरूप ऊर्जा उत्पन्न करने वाली कंपनियों (Power plant) के अतिरिक्त रासायनिक (Chemicals), टेक्सटाइल (Textile) तथा खाद (Fertilizer), साबुन, सीसा, नमक, दवा, कागज, स्याही, सीमेंट इत्यादि सभी तरह की कंपनियाँ अपने विकास हेतु उत्तम जगह समुद्र के पास पसंद करती हैं।

विशेषतः ऊर्जा उत्पादन के क्षेत्र से जुड़ी कंपनियाँ जैसे गुजरात इलेक्ट्रिसिटी बोर्ड (जी॰ई॰बी॰), जो जामनगर जिले के सिक्का में स्थित है, अपने ऊष्मा ऊर्जा संयंत्र (Thermal Power Plant) के 2 कोयलाचालित इकाईयों से 2 x 120 MW बिजली उत्पादन करने हेतु, 2200 m^3/d मीठा पानी ससोई जलाशय से प्राप्त करती है एवं 5.9 x 10^5 m^3/d समुद्री पानी सिक्का खाड़ी से प्राप्त करती है। ऊर्जा उत्पादन के लिए प्रयोग में आने वाले पानी की इतनी विशाल आवश्यकता को समुद्र के द्वारा ही पूरा किया जा सकता है। इसी प्रकार से बी॰ए॰आर॰सी॰ (BARC) तारापुर पावर प्लांट, रिलायन्स एनर्जी लिमिटेड (REL), अडानी (ADANI POWER) हैड्रो पावर प्लांट लिमिटेड, एस्सार (ESSAR) पावर प्लांट इत्यादि अनेकों कंपनियाँ भी ऊर्जा उत्पादन के क्षेत्र में समुद्र तट पर विकसित हैं। ऊर्जा उत्पादन काय्र में इस्तेमाल रियकटर्स को ठंडा करने हेतु पानी की बड़ी मात्रा समुद्र से प्राप्त की जाती है। अतः ऊर्जा उत्पादन के क्षेत्र में समुद्र एक अत्यंत महत्वपूर्ण भूमिका अदा करता है।

रासायनिक (Chemicals) क्षेत्र से जुड़ी बड़ी, छोटी और मध्यम वर्ग की कंपनियों को समुद्र के पास की जगह इसलिए पसंद है क्योंकि इनके द्वारा गंदा पानी (Effluent) उपचार के बाद समुद्र में छोड़ा जाता है। इसी तरह कपड़े व दवाइयाँ बनाने वाली कंपनियाँ भी समुद्र तट को अपने कारोबार के लिए उत्तम समझती हैं। तेल बनाने वाली कंपनियों को तो समुद्र के पास वाली जगह इसलिए आवश्यक है क्योंकि कच्चा तेल समुद्री रास्ते से आता है। यही कारण है कि एस॰पी॰एम॰ (SPM) को कंपनियों ने समुद्र में विकसित किया है। इन एंकर वाले बोया जहाँ पर विदेशों से कच्चा तेल (Crude oil), गैस इत्यादि जहाजों द्वारा लाकर उतारा जाता है, उसे एस॰पी॰एम॰ कहते हैं। यहाँ से कच्चा तेल पाइपलाइन द्वारा समुद्र के तट पर बनी कंपनियों (Refinery) में भेज कर शुद्धिकरण किया जाता है जिससे पेट्रोल, डीजल, स्पिरिट, गैस इत्यादि अलग–अलग कर प्रयोग में लाया जाता है। तेल व गैस का सर्वाधिक भंडार समुद्र की पेंदी में प्राप्त हुआ है। बॉम्बे हाई (Bombay High Region) की एक रिग, जहाँ 1,10,000 barrels या उससे अधिक कच्चा तेल प्रतिदिन प्राप्त होता है नीचे दर्शाया गया है।

चित्र 58. बॉम्बे हाई (अरबी समुद्र) में तेल प्लैटफार्म (Oil Rig)

इसी तरह कृष्ण गोदावरी बेसिन (KG Basin) भी तेल व गैस के प्रचुर भंडार हेतु भारतीय समुद्र में तेल भंडार के उदाहरण हैं। बिजली उत्पन्न करने वाली इकाइयों के लिए समुद्र के अलावा अब दूसरा विकल्प नहीं हैं। अब यही हाल औषधियाँ बनाने वाले कंपनियों का भी हैं। पानी की बड़ी जहाजें बनाने हेतु समुद्री तट को कंपनियों ने सर्वोत्तम पाया है। ऐसे में पुरानी बड़ी जहाजों को तोड़ने के लिए भी समुद्री किनारा सबसे अच्छा पाया जाता है। यहाँ विदेशों से पुराने जहाज लाकर आसानी से तोड़े जाते हैं

अतः हम समझ सकते हैं कि देश के विकास में अहम् भूमिका निभाने वाली कंपनियों के लिए सर्वोत्तम स्थान समुद्री तट पाया गया है। यही कारण है कि मुंबई, गुजरात, कोलकाता, गोवा, मद्रास, केरल, तमिलनाडू तथा आंध्र प्रदेश इत्यादि सभी समुद्र के पास बसे प्रदेश व्यापार क्षेत्र में बहुत अग्रणी हैं। इसका एकमात्र कारण कच्चा माल लाने व बना माल ले जाने की उपलब्ध सागरी सुविधा है।

यही कारण है कि समुद्री तट के समीप वाले शहर व तट के बिल्कुल पास वाले गाँव आज विकसित हो चुके हैं। समुद्र तट के पास वाले छोटे गाँवों में भी सड़क, बिजली व पानी की व्यवस्था

उचित ढंग से हो गई हैं। गाँव के लोगों को कंपनियों में नौकरी मिलने से अच्छा विकास हो रहा है। भारतीय तट विकास का उदाहरण नीचे चित्र द्वारा प्रदर्शित किया गया है।

चित्र 59. भारतीय तट विकास

समुद्री तट पर अनेक प्रकार की रासायनिक, टेक्सटाइल एवं औषधिय कार्य में निपुण कंपनियाँ अपना निष्कासित जल समुद्र में छोड़कर समुद्री तट को प्रदूषित करती हैं। कई बार प्रदूषण इतना अधिक बढ़ जाता है कि समुद्र जल में प्राणवायु (O_2) की मात्रा इतनी गिर जाती है कि वह बहुधा शून्य के बराबर हो जाती है। कई बार अकार्बनिक पदार्थ भी बहुत बढ़ जाते हैं। इस प्रकार मछलियाँ या दूसरे जलीय जीव (जैविक प्लवक) मर जाते हैं।

कंपनियों द्वारा प्रदूषित जल में घुली ऑक्सिजन की मात्रा गिरने के साथ–साथ नाइट्रेट, नाइट्राइट, फास्फेट, अमोनिया जैसे न्यूट्रीएंटस (Nutrients) की मात्रा बढ़ जाती है। कुछ कंपनियों के निष्कासित पानी से तटीय जल का पी॰एच॰ (pH) गिर जाता है तथा वह अम्लीय हो जाता है। परिणामस्वरूप जीव–जन्तुओं के लिए यह खतरनाक होता है।

कुछ कंपनियों का निष्कासित पानी इतना जहरीला होता है कि उसमें मर्क्युरी पारा (Hg), कॉपर (Cu), कैडमियम (Cd), निकल (Ni) इत्यादि की मात्रा बढ़ जाती है। फलतः ऐसा जलीय भाग जीवों के लिए बहुत ही हानिकारक होता है। कुछ जलीय जन्तु या मछलियाँ इन जहरीली धातुओं को भोजन के साथ अपने अंदर ग्रहण कर लेती हैं।

वैज्ञानिकों ने मछलियों, केकड़ों या गेस्ट्रोपोड्स (Gastropods) के कोशिकाओं में इन जहरीली धातुओं (Metals) को साधारण मात्रा से कहीं अधिक पाया है। ये सब मछलियाँ या जीव अधिक प्रदूषण के संपर्क में आकर भोजन द्वारा इन प्रदूषणकारी तत्वों को अपने अंदर ग्रहण कर लेती है, जिससे उपरोकत स्थिति उत्पन्न होती हैं। हालांकि भारत के उत्तर पश्चिमी तट का अधिकांश भाग प्रदूषित है परन्तु ऐसी भयानक स्थिति गिनी चुनी जगहों पर ही हैं।

समुद्र आयात/निर्यात के लिए न केवल सरल व सस्ता जलमार्ग कंपनियों के लिए साबित हुआ है बल्कि एक सुरक्षित उपाय पाया गया है। कभी–कभी तो कुछ भारी भरकम माल या फिर तरल पदार्थ जैसे तेल इत्यादि हेतु आयात–निर्यात के लिए समुद्र एकमात्र साधन पाया जाता है।

कंपनियों के विकास के लिए समुद्र तट ही एक ऐसा स्थान है जहाँ कंपनियों से निष्कासित गंदा पानी उपचार के बाद छोड़ने हेतु समुद्र को साधन समझा जाता है।

हालांकि यह अवश्य गलत है कि निष्कासित पानी समुद्र में छोड़ा जाए इसलिए कंपनियाँ अपने निष्कासित गंदे पानी का सर्वप्रथम उपचार करती हैं। उसे प्रथम, द्वितीय व तृतीय उपचार के बाद प्रदूषणकारी घटक को समाप्त या कम करके समुद्र में छोड़ती हैं। इस तरह कंपनियों द्वारा निष्कासित पानी छोड़ने के लिए समुद्र एक उपाय माना जाता है। समुद्र जल अपने अंदर इस निष्कासित पानी को घुला लेता है तथा वह अब मानव के स्वास्थ्य पर बुरा असर कम डाल पाता है। इस तरह कहा जाए कि हमारे पर्यावरण को स्वस्थ रखने में समुद्र की अहम् भूमिका है। अतः हम अपने समुद्र को स्वच्छ एवं स्वस्थ रखने हेतु शहर का गंदा पानी एव कंपनी का निष्कासित पानी उपचार के बाद ही छोड़ें। कुछ

कंपनियाँ, जो समुद्र तट पर लगायी गयी हैं, निम्न चित्र में प्रदर्शित हैं :

चित्र 60. खाद बनाने वाली कंपनी

चित्र 61. सीमेंट बनाने वाली कंपनी

इसी तरह खाद बनाने वाली कंपनियाँ चाहे राष्ट्रीय केमिकल्स फर्टिलाइजर हो या सीमेंट बनाने वाली कंपनियाँ हों, इन सभी के विकास हेतु समुद्र तट उपयुक्त पाया जाता हैं। यही कारण है ये कंपनियाँ दिन–दूनी रात चौगुनी उन्नति कर रही हैं।

6.2 तटीय प्रदूषण

उपरोक्त भाग में हम भली भांति अवगत हो चुके हैं कि सभी बड़ी, मध्यम व लघु स्तर की कंपनियाँ समुद्र तट पर अपना कार्य कर रही हैं। इस प्रकार इन कंपनियों द्वारा निष्कासित पानी परोक्ष या अपरोक्ष रुप से बिना उचित उपचार या शुद्धिकरण के ही समुद्र में छोड़ दिया जाता है जैसा कि इस चित्र में देखा जा सकता है।

चित्र 62. पाइपलाइन द्वारा गंदे पानी (effluent) का निष्कासन

जो बड़ी कंपनियाँ हैं वे अपने निष्कासित गंदे पानी का उपचार, प्रदूषण नियंत्रण बोर्ड के अनुसार करती हैं। फिर भी उनके गंदे पानी का उपचार इतना अच्छा नहीं हो पाता है कि उससे प्रदूषण कदापि न हो। पानी में कुछ घुले हुए प्रदूषणकारी घटक जैसे जहरीले धातु : मर्क्युरी, कैडमियम, कॉपर, कोबाल्ट व निकल इत्यादि होते हैं। कभी–कभी तेल व ग्रीस की मात्रा अधिक होती हैं। कई कंपनियों के गंदे पानी में बी॰डी॰ओ॰ (BOD 1000–2000 मिग्रा/ली) लोड अधिक होता है। कई कंपनियों का निष्कासित

पानी अधिक अम्लीय (Acidic) होता है। ऐसी हालत में कंपनियों द्वारा पूरी तरह उपचार नहीं हो पाता है। अधिकांश लघु वर्ग या मध्यम वर्ग की कंपनियाँ निष्कासित पानी का उपचार मानक के अनुसार नहीं करती हैं परिणामतः समुद्र तट में प्रदूषण फैलता जाता है। तटीय मछलियों की जो प्रजातियाँ तट के समीप होती हैं, कई बार प्रदूषण से ग्रसित होती हैं और फलतः गायब होती जाती हैं।

इतना ही नहीं अपितु तटीय जल की गुणवत्ता पर भी बुरा प्रभाव पड़ता है। परिणामस्वरूप इस जल में घुली प्राणवायु की मात्रा इतनी गिर जाती हैं कि जलीय जन्तुओं के लिए ऐसा जलीय पर्यावरण न केवल जैविक विविधता गिराता है बल्कि इनका जीवन दुर्लभ कर देता है। यही कारण है कि ऐसे प्रदूषित जल में प्राथमिक उत्पादकता (Primary Production), द्वितीय उत्पादकता (Secondary Production) व तृतीय उत्पादकता (Tertiary Production) बहुत ही गिर जाती है। कभी–कभी प्रदूषण इस स्तर पर पहुँच जाता है कि घुली प्राणवायु इस पानी में शून्य (<0.2 मिग्रा/ली) के करीब पहुँच जाती हैं मछलियाँ ऐसे पानी में मर जाती हैं।

चित्र 63. प्रदूषण ग्रसित तट पर मरी हुई मछलियाँ

कभी–कभी घरेलू मल द्वारा प्रदूषित तटीय जल में अमोनिया (NH_4) या नाइट्रेट (NO_3) की मात्रा बढ़ जाती है। जब अमोनिया बढ़ती है, तो ऑक्सीजन (O_2) या प्राणवायु की मात्रा भी बहुत ही गिर जाती है। कभी–कभी नाइट्राइट (NO_2) की असाधारण मात्रा ऐसे प्रदूषित जल में देखी गयी है जो मछलियों हेतु विषैली होती है।

6.3 औद्योगिक प्रदूषण

बढ़ता हुआ औद्योगिकरण वास्तव में हमारे विकास के लिए अति आवश्यक हैं। देश की उन्नति सीधे–सीधे औद्योगिक विकास से निहित है। यदि उद्योग धंधों के विकसित होने में बाधाएँ आयेंगी तो निश्चित रूप से हमारी आवश्यकताओं की पूर्ति को असुविधाओं का सामना करना पड़ेगा, इतना ही नहीं एक विकसित देश होने के लिए औद्योगिक विकास आवश्यक है परन्तु इस वजह से हम अपने स्वस्थ्य पर्यावरण को प्रदूषित नहीं कर सकते हैं।

आज औद्योगिक प्रदूषण पूरे विश्व में एक भीषण समस्या बन चुका हैं। यह प्रदूषण न केवल हमारे वायुमंडल में प्रवेश कर हवा को प्रदूषित करता है बल्कि औद्योगिकी धुआँ जो चिमनी द्वारा छोड़ा जाता है, उसमें मौजूद जहरीले प्रदूषणकारी तत्व हमारे स्वास्थ्य पर सीधा असर डालते हैं। इससे भी अधिक समस्या औद्योगिक गंदे पानी की है, जो बिना उपचार या आंशिक उपचार के ही नदी, नाले या खाड़ी में छोड़ दिया जाता है जो अंततोगत्वा हमारे जीवन के अभिन्न अंग समुद्र में पहुँचता है। समुद्र तट पर कई कंपनियाँ सीधे अपना गंदा पानी आंशिक उपचार के बाद छोड़ देती हैं। इस प्रकार हमारा समुद्र तट अब धीरे–धीरे प्रदूषण से ग्रसित होता जा रहा है। यही कारण है कि समुद्री संसाधन व समुद्री प्राकृतिक गुणवत्ता में भारी गिरावट आ रही है।

प्रदूषणकारी जहरीले तत्व जैसे मर्क्युरी (Hg), लेड (Pb), कॉपर (Cu), कैडमियम (Cd), निकल (Ni) इत्यादि के अतिरिक्त फास्फेट, नाइट्रेट, कास्टिक सोडा, सल्फर, सल्फ्यूरिक एसिड, तेल तथा अन्य पेट्रोलियम रसायन की मात्रा तटीय समुद्र में बढ़ती जा रही है।

इन प्रदूषणकारी तत्वों से निम्न प्रकार की हानि होती है :

ऐस्बेस्टोस (Asbestos) : ऐस्बेस्टोस फाइबर जब शरीर में चले जाते हैं तब यकृत, फेफड़े व हृदय के रोग हो सकते हैं।

सीसा (Lead) : ये जैव–अपघटनीय (Biodegradable) पदार्थ नहीं हैं। ये शरीर के लिए बहुत ही हानिकारक हैं ये

मछलियों द्वारा मनुष्य के शरीर में जब पहुँचता है, तो शरीर के एन्जाइम्स (Enzymes) को परिवर्तित कर देता हैं।

पारा (Mercury): इसका समुद्री जीव–जन्तुओं व अन्ततोगत्वा मानव के शरीर तक पहुँचने का खतरा होता है। यह सीधे जहरीला नहीं है परन्तु शरीर में प्रवेश कर धीरे–धीरे गंभीर रूप से हानिकारक हो जाता है। जन्तुओं के लिए जहरीला है। पारा शरीर में धीरे–धीरे प्रवेश कर सुनने, बोलने व देखने की शक्ति पर प्रभाव डालता है।

नाइट्रेट (Nitrate) : इसकी मात्रा समुद्र में बढ़ने से शैवाल की उपज बढ़ जाती है जिससे समुद्री खाद्य श्रृंखला में विषमता पैदा होने से समुद्री संसाधन अनियंत्रित हो जाता है। इसकी अधिक मात्रा होने पर पानी में घुली ऑक्सिजन कम हो जाती हैं। जीव–जन्तुओं हेतु यह अधिक हानिकारक है।

नाइट्राइट (NO_2) : अधिक होने पर यह मछलियाँ के लिए विषैली है। इससे पानी में ऑक्सिजन की घुली मात्रा बहुत ही कम हो जाती है। अनावश्यक शैवाल की उपज बढ़ने से खाद्य श्रृंखला गंभीर रूप से प्रभावित होती है।

अमोनिया (NH_4) : समुद्री जल में अमोनिया की मात्रा बढ़ने से न केवल शैवालों की अनावश्यक उपज बढ़ जाती है तथा घुली ऑक्सिजन की मात्रा कम हो जाती है बल्कि इसकी बढ़ी मात्रा सीधे–सीधे मछलियों व अन्य जलीय जन्तुओं हेतु विषैली हो जाती है।

फॉस्फेट (Phosphate): यह भी नाइट्रेट की तरह समुद्री पर्यावरण के लिए अधिक होने पर खतरनाक है। शैवाल की कुछ विशेष प्रजातियों की अनावश्यक उपज बढ़ जाती है, जो समुद्री खाद्य श्रृंखला को विशेष रूप से प्रभावित करती है। ये पादप प्लवकों की विशेष प्रजातियाँ जैविक प्लवकों व मछलियों के अच्छे आहार न होने से समुद्री उत्पादकता पर बुरा प्रभाव डालती है।

सल्फर (Sulphur) : यह समुद्री जीवों के लिए बहुत ही खतरनाक है।

तेल (Oil) : तेल पेट्रोलियम हाइड्रोकार्बन का घटक हैं। यह समुद्री जल में घुलनशील नहीं होने के कारण सतह पर एकत्र हो कर प्रकाश को परिवर्तित कर प्रकाश संश्लेषण क्रिया में बाधक है। तेल की मात्रा अधिक होने से समुद्री जीव मर जाते हैं इतना ही नहीं मछलियों द्वारा मानव शरीर तक पहुँचकर हृदय, यकृत, फेफड़े को हानि पहुंचाता है।

इस प्रकार औद्योगिक प्रदूषण एक भीषण समस्या बनती जा रही है। भारत में औद्योगिकरण के दृष्टिकोण से गुजरात प्रथम व महाराष्ट्र द्वितीय स्थान पर है। दिल्ली, कोलकाता, चैन्नई, केरल, गोवा इत्यादि का स्थान क्रमशः उसके बाद है।

अब हम सम्पूर्ण भारत के गंदे घरेलू मल–जल की स्थिति पर विचार करें तो आंकड़े हमारे होश उड़ाने वाले हैं। भारत में 38000 मिलियन लीटर प्रतिदिन (38000 MLD) घरेलू मल–जल (Sewage) उत्पन्न होता है। इसमें केवल 12000 मिलियन लीटर/ सीवेज (26%) के उपचार हेतु सुविधायें उपलब्ध हैं। परन्तु शहरों के पास बसे छोटे कस्बों से निकला सिवेज इन आंकड़ों में सम्मिलित नहीं है। उपचार हेतु जो सिवेज प्लान्ट्स लगे हैं उनमें भी पूरी सुविधाऐं उपलब्ध नहीं हैं। केवल 39% के करीब ही प्लांटस उपचार कर पाते हैं। उपचार भी प्रदूषण नियंत्रण बोर्ड के मानक के अनुसार नहीं हो पाता है। भारत में 35 मेट्रोपोलिटन सिटीज (Metropolitan cities) हैं, जिनके द्वारा 15,644 मिलियन लीटर सिवेज प्रतिदिन निकलता है। इस प्रकार हमारी नदियाँ भी प्रदूषित हो रही हैं। गंगा प्रदूषण से आप वाकिफ हैं। हमारी दूसरी नदियाँ जैसे खान, चम्बल, बेतवा, सिंध, सन, टोंस, सिब्रा, बनास, कोसी, काली, हल्दी, राप्ती, मिंडोला, तापी, नर्मदा, पूर्णा, अंबिका, कोलक इत्यादि प्रदूषण प्रभावित हैं।

केन्द्रीय प्रदूषण नियंत्रण बोर्ड के अनुसार भारत में सब 88 कॉमन इफ्लुएंट ट्रीटमेंट प्लांट्स (CETPs) हैं, जिनकी उपचार क्षमता 560 मिलियन लीटर प्रतिदिन (560MLD) है। इन ई॰टी॰पी॰ से 10,000 कंपनियों के गंदे पानी का उपचार करने की आशा है परन्तु वह भी प्रदूषण नियंत्रण बोर्ड के मानक के अनुसार नहीं हो पाता है। अतः देश का तटीय जलक्षेत्र, जिसमें अंततोगत्वा सभी नदियाँ व बड़े नाले आकर मिलते हैं। गंभीर रूप से प्रदूषित हो रहा

हैं। भारत में कुल लगभग 3,00000 SSI अथवा लघु उद्योग वाली कंपनियाँ हैं, जिनके पास गंदे पानी के उपचार की कोई सुविधाएँ नहीं हैं। यह सभी 867 इंडस्ट्रियल एस्टेट में प्रसारित हैं। इनके द्वारा निकला इंफ्लुएंट सीधे नदी, नाले या खाड़ियों द्वारा समुद्र में पहुँचता है।

हम अवश्य जानना चाहेंगे कि ये CETPs देश के किस कोने में लगायी गयी हैं। निम्नलिखित तालिका में देखा जा सकता है कि ये कितने इंफ्लुएंट के उपचार के लिए बनाई गई हैं।

सारिणी 7. प्रत्येक राज्य में लगी सी ई टी पी कंपनियाँ व उनकी उपचार क्षमता

क्र०सं०	**राज्य**	**सी ई टी पी (CETPs)**	**उपचार क्षमता (मिलियन लीटर प्रतिदिन) MLD**
1	आंध्रप्रदेश	3	12.75
2	दिल्ली	11	133.2
3	गुजरात	16	156.3
4	हरियाणा	1	1.1
5	कर्नाटक	2	1.3
6	महाराष्ट्र	11	63.25
7	मध्य प्रदेश	1	0.9
8	पंजाब	2	1.535
9	राजस्थान	8	57.1
10	तमिलनाडू	29	71.15
11	उत्तर प्रदेश	3	44.4
12	पश्चिम बंगाल	1	10.0
कुल		**88**	**559.77**

उपरोक्त सी ई टी पी गंदे पानी के उपचार के नाम से केवल पी०एच० (pH), बायोकेमिकल ऑक्सिजन डिमाण्ड (BOD), केमिकल

ऑक्सिजन डिमाण्ड (COD), टोटल ससपेंडेड सॉलिड (TSS) एवं टोटल डिजोल्वड सॉलिड (TDS) जैसे गुणधर्म का नियंत्रण करते हैं। कुछ उपचार प्लांटस सोडियम क्लोराइड (NaCl), सल्फेट (SO_4) एवं अमोनिया (NH_4) पर भी नियंत्रण का दावा करते हैं।

केन्द्रीय नियंत्रण बोर्ड की रिपोर्ट, 2005 के अनुसार केवल 78 सी ई टी पी काम करती हैं, जिसमें से केवल 20 ही मानक के अनुसार उपचार कर पाती हैं। अब हम समझ सकते हैं कि देश की हजारों कंपनियाँ जो अपने द्वारा निष्कासित गंदे पानी (Effluents) का उचित उपचार नहीं करती हैं, उनका यह गंदा पानी, सीधे या परोक्ष रुप से तटीय समुद्र में मिलता हैं। इस प्रकार समुद्र जो हमें शुद्ध हवा व भोजन प्रदान करता है, उनकी हालत अब क्या हो सकती है। हम उससे प्राप्त भोजन (मछलियों) का प्रयोग नहीं कर सकते हैं या फिर समुद्री मछलियाँ हमारे लिए दुर्लभ हो सकती हैं।

अब यदि हम गुजरात जो भारत का सबसे बड़ा औद्योगिक राज्य है, पर एक दृष्टि डालें, तो पाएंगे कि गुजरात सर्वाधिक प्रदूषित राज्य है। यहाँ पर लगभग 90,000 कंपनियाँ हैं। केन्द्रीय प्रदूषण नियंत्रण बोर्ड के अनुसार वापी (1400 कंपनियाँ) एवं अंकलेश्वर (1800 कंपनियाँ) गुजरात में सबसे अधिक प्रदूषणकारी इंडस्ट्रियल कॉम्प्लेक्स हैं। वापी में सैकड़ों कंपनियाँ अपने निष्कासित गंदे पानी को पानी के टैंकर में भरकर भील खाड़ी (Bhil Khadi) में बिना उपचार किए ही छोड़ देती हैं। ये भील खाड़ी जो कोलक नदी में खुलती है, आज इस नदी को बुरी तरह प्रदूषण ग्रसित कर चुकी है। यह कोलक नदी पश्चिमी समुद्र तट में मिलती है। इसकी स्थिति इतनी दयनीय हो चुकी है कि इसमें मछलियाँ समाप्त हो चुकी हैं। जो मछलियाँ समुद्र के ज्वार के समय कोलक इश्चुरी में प्रवेश करती हैं, पानी में ऑक्सीजन की मात्रा लगभग शून्य के करीब होने से मर जाती हैं।

गुजरात में आज लगभग 280 इंडस्ट्रिएल एस्टेट हैं, जो गुजरात इंडस्ट्रिएल डेवलपमेंट कार्पोरेशन (GIDC) के अन्तर्गत आते हैं। इसमें अधिकांश (70%) रासायनिक क्षेत्र में काम कर, अपना उत्पाद बनाते हैं। यही कारण है कि गुजरात की लगभग सभी नदियाँ चाहें वह मिन्डोला, तापी, माही, कोलक, दमनगंगा, पूर्णा, अंबिका हो अथवा अमलखाड़ी, भीलखाड़ी या अन्य खाड़ियाँ हो

चित्र 65. तापी नदी में छोड़ा जा रहा घरेलू मल जल

इसी तरह सूरत म्यूनिसिपलिटी द्वारा छोड़े गए घरेलू मल पर विचार करें तो पायेंगे कि इससे तापी नदी ग्रसित है। टाइम्स ऑफ इंडिया 29 मार्च, 2013 (Times of India, 29 March, 2013) के अनुसार सूरत शहर से आज कुल 640 मिलियन लीटर मल पानी प्रतिदिन उत्पन्न होता है। सूरत महानगर पालिका (SMC) अपने ट्रीटमेंट प्लान्टस (Sewage Treatment Plants) द्वारा प्रतिदिन 590 मिलियन लीटर गंदेपानी का उपचार करता है। शेष 50 मिलियन लीटर मल पानी जो प्रतिदिन सूरत शहर से निकलता है, बिना किसी उपचार के 32 कि॰मी॰ लंबी ''तापी'' नदी में छोड़ा जाता है। परिणामस्वरूप अब तापी नदी की परिस्थिति दयनीय है। इसमें घुली ऑक्सिजन की मात्रा शून्य के करीब व अमोनिया व नाइट्रेट की मात्रा बहुत अधिक हो जाती है। यही कारण है कि तापी इश्चुरी में बहुधा मछलियाँ मरती रहती हैं। उदाहरण हेतु तापी नदी में मरी हुई मछलियों का चित्र निम्नांकित है।

चित्र 66. तापी में प्रदूषण से मरी मछलियाँ

6.5 रेडियो ऐक्टिव प्रदूषण (Radioactive pollution)

रेडियो ऐक्टिव प्रदूषण का तात्पर्य है कि अत्यधिक ऊर्जा तत्व से रेडियो एक्टिव पदार्थ का निष्कासन जो हवा, जमीन या पानी में पहुँचकर मनुष्य के स्वास्थ्य के लिए या मनुष्य की गतिविधियों के लिए या पर्यावरण के लिए सीधे या परोक्ष रूप से हानिकारक होते हैं। रेडियो ऐक्टिव न्यूक्लियर अवशेष उस समय से अधिक खतरनाक साबित हुआ जब द्वितीय विश्व युद्ध के समय अमेरिका, ब्रिटेन, सोवियत रशिया इत्यादि देशों ने परमाणु परीक्षण (Nuclear Test) करना शुरु किया। सबसे अच्छा उदाहरण है जब अमेरिका ने 1945 में जापान के हिरोशिमा एवं नागासाकी (Hiroshima and Nagasaki) पर द्वितीय विश्व युद्ध के दौरान बॉम्ब हमला (Bomb attack) कर बॉम्ब वर्षा की।

उपरोक्त यूनाइटेड स्टेट द्वारा बॉम्ब वर्षा के परिणामस्वरूप लोग 5 वर्ष तक रेडियो ऐक्टिव विकिरण (रेडियेशन) से प्रभावित होकर मरते रहें। इस प्रकार लगभग 2,25,000 लोगों की रेडियेशन के प्रभाव से होने वाले कैंसर के कारण जानें चली गयी। रेडियो ऐक्टिव प्रदूषण को 20 वीं सदी में अच्छी तरह देखा गया जब यूरेनियम खानों (Uranium mines) में काम करने वाले मजदूरों की चमड़ी जलने (Skin burns) व कैंसर से मरने की कई बार बात सामने आयी। अत्यधिक समय तक रेडियो ऐक्टिव रेडियेशन की

चपेट में रहने से कोशिकाओं की मृत्यु व कैंसर की संभावनाएं बढ़ जाती हैं।

रेडियो ऐक्टिव प्रदूषण के निम्नलिखित स्रोत हैं :

(i) परमाणु ईंधन (Nuclear fuel) का उत्पादन (ii) परमाणु ऊर्जा भट्टी (Nuclear power reactor) (iii) परमाणु परीक्षण (vi) परमाणु अवशेष का निष्कासन (v) यूरेनियम खनन (Uranium mining)

परमाणु रेडियोएक्टिव अवशेष से समुद्र को हानि : न केवल भारत में बल्कि पूरे विश्व में बढ़ता औद्योगिकरण जहाँ जन जीवन को हर सुविधाओं से परिपूर्ण कराते जा रहा है, वहीं उनसे उत्पन्न अवशेषों से अत्यंत हानि होते जा रही है। परमाणु शक्ति केन्द्र (न्यूक्लियर पावर प्लांट) जो आज समुद्र तट पर लगे हैं और लगते जा रहे हैं, भट्टी (Reactor) ठंडा करने हेतु पानी समुद्र से लेते हैं। साथ में परमाणु रेडियो ऐक्टिव अवशेष समुद्री पानी व तटीय जल में छोड़ने से न केवल समुद्री जीव जन्तुओं को हानि होती है बल्कि मछलियों द्वारा मानव तक पहुँचकर मानव स्वास्थ्य हेतु भी खतरनाक साबित होती हैं। रेडियो ऐक्टिव प्रदूषण धीरे–धीरे लंबे समय में मानव स्वास्थ्य को ग्रसित करता है।

लाभ : परमाणु ऊर्जा से पर्यावरण को लाभ भी होता है। परमाणु ऊर्जा एक स्वच्छ ऊर्जा मानी जाती है क्योंकि इससे वातावरण में ग्रीन हाऊस गैस जो ग्लोबल वार्मिंग में जिम्मेदार है, कम होती हैं। इसके अवशेष में CO_2 नहीं होने से इसका प्रभाव वातावरण की गैस पर नहीं होता है। परंतु इन अच्छाइयों की तुलना में इससे निष्कासित न्यूक्लियर रेडियेशन द्वारा अल्फा, बीटा या गामा किरणों के कारण खतरनाक परिणाम अधिक होता है।

बचाव : रेडियो एक्टिव अवशेष जो पावर प्लान्ट या किसी भी इंडस्ट्री से उत्पन्न होता है, उसे सावधानीपूर्वक एकत्रित कर सुरक्षित स्थान पर जलाकर नष्ट किया जाना चाहिए। अस्पतालों का अवशेष भी इसी प्रकार जलाकर नष्ट किया जाना चाहिए। इन अवशेष को पानी में या खुले स्थान पर या जमीन में ऐसे ही नहीं छोड़ना चाहिए। इसे पूरी तरह जलाकर नष्ट करने से मानव की पहुँच से दूर रखा जा सकता है। हालांकि रेडियो ऐक्टिव अवशेष प्रदूषण

नियंत्रण बोर्ड के अनुसार जलाया जाता है। फिर भी यह शत प्रतिशत नष्ट नहीं हो पाता है।

6.6 तेल प्रदूषण

समुद्री तट में तेल प्रदूषण एक भीषण समस्या है। समुद्र में जब तेल प्रदूषण (Oil pollution) होता है, तेल के घटक पेट्रोलियम हाइड्रोकार्बन (Petroleum Hydrocarbon) की मात्रा पानी में बढ़ जाती है। कई बार PH_c की मात्रा 1000–25000 μg/ml हो जाती है। ऐसे में पानी के सतह पर तैरता तेल सूर्य की किरणों को पानी में भेदने से रोकता है। तेल की परत पानी पर आई किरणों को परिवर्तित कर देता है। फलतः पानी के अन्दर पादपप्लवक जो अपना भोजन सूर्य के प्रकाश की मदद से प्रकाश संश्लेषण क्रिया द्वारा बनाते हैं, अब असमर्थ हो जाते हैं। ऐसे में उनकी उपज व प्राथमिक उत्पादकता गिर जाती हैं। अंततोगत्वा जैविक प्लवकों की संख्या कम हो जाने से मछलियों की संख्या बहुत कम हो जाती है। परन्तु इससे भी भयानक परिणाम तेल प्रदूषण से तब होता है, जब तेल की मात्रा समुद्र सतह पर अधिक क्षेत्रफल में व अधिक मात्रा में हो, ऐसी स्थिति में जैविक प्लवकों की मृत्यु हो जाती है। यह तेल भोजन द्वारा मछलियों के जबड़ों में पहुँचने से वे श्वसन क्रिया नहीं कर पाती हैं, फलतः मर जाती हैं। जलीय चिड़ियाँ जब समुद्र के किनारे भोजन की तलाश में पहुँचती हैं, तैरते तेल की परत में लिपट कर उड़ान भरने में असमर्थ हो जाती हैं। इस प्रकार उनकी मृत्यु हो जाती है। अब हम समझेंगे कि तेल रिसाव किन कारणों से होता है या तेल प्रदूषण के स्रोत क्या हैं। तेल रिसाव निम्न कारण हैं :

1. तेल रिसाव, तेलवाहक पाईपलाइन के फटने से होता है।
2. तेल रिसाव, दो पानी की जहाजों की टक्कर से होता है।
3. तेल रिसाव, तेल वाहक जहाजों (Oil tankers) की दुर्घटना से होता है।
4. तेल जहाजों के साफ–सफाई व धोने से फैलता है।
5. तेल जहाजों के इंजिन के तेल बदलने से पानी में गिरता है।

6. तेल, गाड़ियों से छूटे धुएँ, वर्षा के कारण समुद्र में पहुँचता है।
7. तेल रिसाव समुद्र में ड्रिलिंग करते समय या तेल कुओं के प्रयोग से होता है।
8. तेल कंपनियों द्वारा निष्कासित पानी जिसमें तेल की मात्रा अधिक होती है।
9. कभी–कभी तेल समुद्र के पेंदी से रिसाव के कारण होता है। परंतु यह बहुत ही कम व यदा–कदा होता है।

इस प्रकार प्रतिवर्ष निम्नांकित अनुसार तेल की मात्रा (Million gallons) अलग अलग स्रोतों से समुद्र में पहुँचती है :

विशाल तेलपुंज (Big spills)	⟶	37 मिलियन गैलन
रोजमर्रा का रखरखाव (Routine maintenance)	⟶	137 मिलियन गैलन
तेल वाहिका पाइपलाइनों से (Down the drain)	⟶	367 मिलियन गैलन
समुद्री ज्वालोद्‌गार (Up in smoke)	⟶	97 मिलियन गैलन
सामुद्रिक तेलकूप खुदाई (Offshore drilling)	⟶	15 मिलियन गैलन
प्राकृतिक रिसाव (Natural seeps)	⟶	15 मिलियन गैलन

अतः हम समझ सकते हैं कि तेल प्रदूषण समुद्री पर्यावरण के लिए एक गंभीर समस्या है। तेल प्रदूषण बहुधा वर्षा ऋतु में पाया जाता है क्योंकि वर्षा के समय हवाएँ बहुत ही तेज हो जाती हैं। आकाश में कम दाब विकसित होता है। परिणामस्वरूप समुद्र तूफानी हो जाता है। समुद्री लहरें असामान्य होने से पानी के जहाजों के टकराने, पाइपलाइन के रिसाव इत्यादि का खतरा बढ़ा देती हैं यही कारण है कि तेल प्रदूषण वर्षा ऋतु में अधिक होता है। उदाहरण के रूप में अगस्त 2011 में हुए तेल रिसाव ने जुहू बीच, मुंबई को

अपनी चपेट में लेकर तटीय पर्यावरण को गंभीर रूप से हानि पहुंचायी। इस तेल रिसाव ने खारदाण्डा के समुद्री तट पर मैंग्रूव वृक्षों को करीबन ढाई फीट ऊँचाई तक प्रभावित कर उस क्षेत्र के जीव–जन्तुओं को नष्ट किया।

नीचे दिए गए चित्र में डॉ॰ जीयालाल राम जैसवार, खारदाण्डा में तेल रिसाव से क्षतिग्रस्त मैंग्रूव एवं तट का अध्ययन करते हुए दिख रहे हैं।

चित्र 67. तेल रिसाव से क्षतिग्रस्त मैंग्रूव का अध्ययन

चित्र 68. तेल रिसाव से ग्रसित खारदाण्डा का पथरीला तट

6.6.1 समुद्र में तेल रिसाव

तेल क्या है?

तेल पेट्रोलियम हाइड्रोकार्बन का यौगिक है।

तेल के प्रकार

समुद्र में रिसाव होने वाला तेल डीजल, पेट्रोल, क्रूड ऑइल, इंजिन ऑइल या फरनेस ऑइल हो सकता है।

तेल रिसाव कहाँ से और कैसे होता है?

हम पहले बता चुके हैं कि समुद्र में तेल रिसाव समुद्र से जानेवाली कच्चे तेल (Crude oil) की पाइप लाइन फटने, समुद्र में तेलवाहक जहाजों की दुर्घटना (accident) होने से, ऑइल टैंकर के डूबने, फटने या तेल जहाजों को धोने से होता है।

तेल रिसाव होने से क्या होता है?

जब समुद्र में तेल रिसाव उपरोक्त किन्हीं कारणों से होता है, समुद्र की सतह पर तेल की परत (oil film) फैल जाती है। यदि रिसाव क्रूड ऑयल या फर्नेस ऑइल से है, पानी की सतह पर काले भूरे रंग की फिल्म फैलने लगती है। इस तेल का कुछ भाग जो वाष्पशील (Volatile) होता है, उसका वाष्पीकरण हो जाता है। इस तरह रिसाव हुआ तेल वेदरिंग (Weathering), स्प्रेडिंग (Spreading), इवापोरेशन (Evaporation) एवं डिस्पर्सन (Dispersion) क्रियाओं (Process) से गुजरता है।

वाष्पीकरण से बचा हुआ तेल का अधिकतम भाग पानी की लहरों व तेज हवाओं के कारण छोटे–छोटे छींटो–बूंदों (Droplets) में होकर पानी में मिला रहता है। अब समुद्र की धारा (Current), हवा एवं लहरों से प्रभावित होकर तेल समुद्र के किनारे पहुँच जाता है। तेल का जो बचा हुआ भाग है, अपने अंदर पानी में घुली मिट्टी, बालू व पानी के जीव–जन्तुओं को समेटते हुए समुद्री तट पर छोटे–छोटे गोले के रुप में जमा हो जाता है जिसे ''टारबॉल'' (Tarball) कहते हैं।

नीचे दर्शित चित्र द्वारा हाल ही में मुंबई में हुए तेल रिसाव से बने टारबॉल देखे जा सकते हैं :

चित्र 69. तेल रिसाव से प्रभावित जुहू बीच

6.6.2 पर्यावरण पर खतरा

तेल रिसाव से बनी समुद्री सतह पर तेल की परतें प्राथमिक, द्वितीय व तृतीय उत्पादकता को प्रभावित करती हैं। पानी में पेट्रोलियम हाइड्रोकार्बन की मात्रा इतनी बढ़ जाती है कि कभी–कभी पानी में घुली ऑक्सीजन (O_2) जिसे हम प्राणवायु कहते हैं, उसकी मात्रा गिर जाती है, जिससे अन्य जीव जन्तुओं पर बुरा असर पड़ता है।

समुद्री जीव जन्तुओं पर क्या असर पड़ता है?

तेल रिसाव से बनी तेल की परत जो पानी की सतह पर तैरती है, चिपचिपा होने के कारण अपने अंदर छोटे जीव जन्तुओं जैसे – पादप प्लवक, जैविक प्लवक, छोटी मछलियाँ व उनके अंडे इत्यादि को समेट लेती है। इस प्रकार सीधे तेल की परत की चपेट में आ जाने से ये जीव जन्तु मर जाते हैं।

बड़ी मछलियों का क्या होता है?

बड़ी मछलियाँ जब इस तेल की परत में पहुँचती हैं, इनके जबड़ों (gills) में तेल चिपक कर इनकी श्वसन क्रिया में बाधक हो जाता है। परन्तु यह तब होता है जब तेल रिसाव बड़े पैमाने पर होता है क्योंकि बड़ी मछलियाँ बहुत संवेदनशील होने के कारण तेल की परतों से दूर भाग जाती हैं। याद रहे कि तेल रिसाव से खतरा उसकी कुल मात्रा और तेल प्रकार पर निर्भर है। यदि मात्रा अधिक है व अधिक क्षेत्रफल में रिसाव फैला है तथा वह क्रूड ऑयल है तो निश्चित रुप से पर्यावरण गंभीर रुप से प्रभावित होगा। ऐसी परिस्थिति में तेल पानी की गुणवत्ता व समुद्री भोजन श्रृंखला (food chain) पर बुरा प्रभाव डालता है।

6.6.3 मैंग्रूव पर प्रभाव

तेल रिसाव जब समुद्री तट तक पहुँच जाता है, समुद्र के किनारे एकमात्र वनस्पति, मैंग्रूव को प्रभावित करता है। तेल की परत मैंग्रूव की उस ऊँचाई तक, जहाँ तक ज्वार के समय पानी ऊपर चढ़ता है, पहुँच कर पौधों को तेल से सराबोर कर देता है। इसके कारण मैंग्रूव भूरे काले रंग के दिखने लगते हैं करीबन 3 से 3.5 फीट तक तेल की परत इन मैंग्रूव पर चढ़ जाती है। मैंग्रूव की श्वसन क्रिया का मुख्य भाग निमेटोफोर (Pnematophores) भी तेल की परतों से लिपट कर अपनी श्वसन क्रिया नहीं कर पाता है। परिणामस्वरूप मैंग्रूव के कई बार सूख जाने की संभावना होती है। तेल रिसाव का असर मैंग्रूव के अंकुरों पर भी होता है। मैंग्रूव के अंकुर पूरी तरह से तेल से सराबोर होकर कुछ ही दिनों में मृत हो जाते हैं।

मुंबई में 8 अगस्त 2010 को हुए तेल रिसाव का गंभीर असर मैंग्रूव के अंकुरों पर देखा गया, जिसे निम्न चित्र में दर्शित किया गया है।

अतएव हम समझ सकते हैं कि तेल रिसाव से इन मैंग्रूव क्षेत्र के जीव जन्तुओं व मछलियों पर न केवल बुरा प्रभाव पड़ता है बल्कि तेल अधिक होने पर ये मर जाते हैं।

चित्र 70 (a) ट्रोंबे मुंबई में, तेल से सराबोर मैंग्रूव के अंकुर;
(b) ट्रोंबे में तेल से ग्रसित मैंग्रूव

6.6.4 अंतर्ज्वारिय क्षेत्र पर प्रभाव

तेल रिसाव जब लहरों, हवाओं तथा समुद्री धारा के कारण समुद्र के किनारे पहुँचता है, किनारे की मिट्टी, रेत या कीचड़ पर तेल जमा हो जाता है। अधिकतर चिप चिपा तेल लम्प (लौंधे) किनारे पर जमा होने से, रेत – मिट्टी – कीचड़ के अंदर पाए जाने वाले बैथिक (Benthic) जीव मर जाते हैं। इस प्रकार समुद्र का अंतर्ज्वारिय क्षेत्र बुरी तरह प्रभावित होता है।

6.6.5 मानव पर असर

समुद्र में तेल रिसाव से समुद्री पादप प्लवक जो जैविक प्लवकों के आहार होते हैं, पूरी तरह इनकी कोशिकायें तेल में लिपट जाती हैं। जब इन्हें जैविक प्लवक खाते हैं, तेल (पेट्रोलियम हाइड्रोकार्बन) इनके अंदर पहुँच जाता है। जब जैविक प्लवकों को छोटी मछलियाँ खाती है, पेट्रोलियम हाइड्रोकार्बन बड़ी मछलियों की आंतड़ी में और कोशिकाओं में पहुँच जाता है। इस प्रकार इन मछलियों को खाने से मानव भी पेट्रोलियम हाइड्रोकार्बन से प्रभावित हो जाता है।

समुद्र के किनारे ऑइल लम्प या टारबॉल्स जमा हो जाने से सैलानियों के लिए मुश्किल होती है। तेल चिप चिपा होने के कारण कई बार शरीर पर लग जाता है जिससे शरीर की चमड़ी प्रभावित

होती है व खुजली या रेशेस इत्यादि हो जाते हैं। मानव तटीय प्रदूषण से सीधे या परोक्ष रूप से प्रभावित होता है। कभी–कभी मानव की त्वचा प्रदूषण के कारण प्रभावित होती है। कभी–कभी गंभीर बीमारी के शिकार होने के कारण प्रदूषण होता है।

6.6.6 मुंबई तट एवं तेल रिसाव

मुंबई तट मुंबई बंदरगाह से सीधे जुड़े होने के कारण एक भीड़ भाड़ वाला जलमार्ग है। विदेशों से पानी की जहाजें माल लेकर मुंबई आती हैं। इस प्रकार मुंबई के समुद्र में कई बार जलपोत टकरा कर डूब जाते हैं या तूफानों में फंसकर पानी में डूब जाते हैं। अगर कोई भी पानी की जहाज डूब जाती है, चाहे वह तेल वाहक न हो तो भी उसके अंदर मौजूद इंजन ऑयल से समुद्र प्रभावित होता है।

कई बार तेल वाहक जहाज डूब जाती है या दो जहाजों की टक्कर हो जाती है, वे फट जाती हैं व समुद्र में तेल ही तेल फैल जाता है। जैसा कि एम॰एस॰ चित्रा जहाज एम॰वी॰ खलीजा से अगस्त 2010 में टकराकर डूब गई। परिणामस्वरूप 880 मैट्रिक टन तेल रिसाव हुआ तथा मुंबई समुद्र के जीव जन्तुओं व पर्यावरण को भारी नुकसान हुआ। मछलियों व मैंग्रूव पर भारी प्रभाव पड़ा। मछुआरों को इससे भारी नुकसान सहना पड़ा। इतना ही नहीं, मानव पर भी इसका बुरा प्रभाव पड़ा।

आपको याद होगा कि 12 जून 2011, को मुंबई समुद्र तट जुहू के पास एम॰वी॰ विजडम जहाज आ पहुँची। इस जहाज को कोलम्बो से टग द्वारा टोविंग कर के अलंग, गुजरात ले जाया जा रहा था जहाँ पर टोविंग की चैन टूटने से जहाज समुद्री धाराओं व तेज हवाओं के द्वारा जुहू पहुँच गई। कई बार इसे निकालकर इसके गन्तव्य स्थान पर पहुँचानें का प्रयास भी किया गया लेकिन असफल रहा। अंत में जुलाई में इसे दो टगों की सहायता से निकाल कर गहरे समुद्र में निस्तारण कर दिया गया, जहाँ से यह अलंग रवाना हुई। इससे कोई खतरा नहीं हुआ।

अध्याय 7

तटीय संरक्षण एवं कानून

7.1 तटीय संरक्षण

समुद्र तट को खतरा निम्न प्रकार से है :

(i) तूफानी समुद्री लहरों से तट का कटाव

(ii) भारी वर्षा के कारण तट का कटाव

(iii) मानव गतिविधियों द्वारा तटीय जल प्रदूषण

(iv) तटीय मिट्टी प्रदूषण

तट कटाव से तट की सुरक्षा : मृदा अपरदन (Soil erosion) से तट को सुरक्षित रखने के लिए बहुधा तट पर पत्थर या सीमेंट की दीवारें बना कर लहरों से तट को सुरक्षित रखा जाता है। बहुधा देखा गया है कि समुद्री – तूफानी लहरें इतनी ताकतवर होती है कि तट को तोड़ देती हैं। ऐसा भारत के पश्चिमी तट में हो रहा है। वहाँ समुद्र तट को तोड़ (Erode) कर अपना क्षेत्रफल बढ़ाते जा रहा है। ऐसा भावनगर व गल्फ ऑफ खम्भात (Gulf of Khambhat) के किनारे पर होता देखा गया है क्योंकि यहाँ पर बलुआर मिट्टी (Loose soil) का तट है जो लहरों से आसानी से कटता जा रहा है। इसका एक उदाहरण चित्र 71 द्वारा देखा जा सकता है।

यह तट कटाव जब किसी कंपनी, जेट्टी या शहर के पास होता है, तो तट बचाव के लिए कई बार पत्थर की दीवारें बना दी जाती हैं ऐसा करने के लिए प्रतिरूप अध्ययन (Model Study) का सहारा लिया जाता है। प्रतिरूप अध्ययन इस बात का पूर्वानुमान करता है कि दीवार की डिजाइन इसमें लगने वाला मसाला व सीमेंट इत्यादि कैसे हों। इस प्रकार तट की रक्षा होती है। समुद्र के किनारे मैंग्रूव की झाड़ी लगाकर भी तट की रक्षा की जाती है।

चित्र 71. भावनगर में तट कटाव

तटीय जल प्रदूषण

तटीय जल जब प्रदूषित होता है, न केवल उससे तटीय जलीय जीव जन्तु प्रभावित होते हैं बल्कि तट के पास के शहर व उसमें रहने वाले मानव भी प्रभावित होते हैं। अनेक तरह के प्रदूषणकारी तत्व व अनेक खतरनाक जीवाणु (Bacteria) एवं विषाणु (Virus) उत्पन्न होकर विभिन्न बीमारियों के कारण बनते हैं।

मुंबई में माहिम तट, थाना खाड़ी, वर्सोवा खाड़ी, गोराई खाड़ी, वसई खाड़ी व तट एवं गुजरात में वेरावल खाड़ी, सूरत में मिन्डोला नदी, तापी नदी व तट, जम्बूसर गुजरात में माही नदी का तट इत्यादि अनेक उदाहरण हैं जहाँ तटीय जल अत्यधिक प्रदूषित हो चुका हैं। कोलकाता में हुगली नदी प्रदूषण से प्रभावित हो रही है। इसी तरह दक्षिण भारत में कई खाड़ियों व नदियों के किनारे प्रदूषण से प्रभावित हैं। इन नदियों व खाड़ियों के प्रदूषण के कारण बहुधा शहरों के पास के तट प्रदूषण प्रभावित हो रहे हैं। कई तटों की स्थिति नाजुक होती जा रही है।

प्रदूषण से बचने के उपाय : प्रदूषण से बचने के दो प्रमुख उपाय है जो निम्नलिखित हैं –

(i) प्रदूषणकारी तत्वों की रोकथाम

प्रदूषणकारी तत्व जो चाहे कंपनियों द्वारा निष्कासित गंदे पानी (Effluents) के रुप में हो या फिर शहर द्वारा उत्पन्न घरेलू मल जल (Domestic Waste Water) के रुप में हो या फिर तेल कंपनियों के गंदे पानी (Effluents) के रुप में हो उसे तटीय समुद्र, नदी या खाड़ी में छोड़ने पर प्रतिबंध लगाने से प्रदूषण को रोका जा सकता है।

ऐसा होना कठिन ही नहीं बल्कि असंभव है क्योंकि कंपनियाँ जो देश के विकास में अहम् भूमिका ही नहीं बल्कि उन्नतिशील देश की रीढ है, अपना उत्सर्जित गंदा पानी कहीं न कहीं छोड़ेगी। ऐसे में इन कंपनियों के प्रदूषणकारी तत्वों को वहीं के वहीं समाप्त करना होगा।

कंपनियाँ या नगरपालिकाएँ अपना गंदा पानी वापस प्रयोग (Recycle) में लायें। इस प्रकार कंपनियों या शहरों का गंदा पानी स्वच्छ (Treatment) कर के पुनः प्रयोग में जैसे गार्डन में, शौचालयों इत्यादि में इस्तेमाल किया जा सकता है। इस प्रकार कंपनियाँ अधिकांश रूप से व नगरपालिकाएँ अधिकतर शून्य डिस्चार्ज (Zero-discharge) स्कीम को अपनाकर प्रदूषण की रोकथाम में अहम् भूमिका निभा सकती हैं।

(ii) गंदे पानी का उपचार (Treatment)

कंपनियाँ या नगरपालिकाएँ जो निष्कासित गंदा पानी (Effluents) व घरेलू मल जल (domestic waste water) समुद्री तट, नदियों, नालों या खाड़ियों में छोड़ती हैं, उसे निम्न प्रकार से प्रदूषण नियंत्रण बोर्ड (Pollution Control Board) के मानक के अनुसार, उपचार करने के बाद ही छोड़ें।

1. प्राथमिक उपचार (Primary Treatment)
2. द्वितीय उपचार (Secondary Treatment)
3. तृतीय उपचार (Tertiary Treatment)

कंपनियाँ जब प्राथमिक (Primary Treatment) स्तर का उपचार करती हैं, तो गंदे पानी में मौजूद ठोस (Solids), प्लास्टिक

8.2 ग्लोबल वार्मिंग (Global Warming)

ग्लोबल वार्मिंग का तात्पर्य पृथ्वी एवं समुद्र का तापमान बढ़ना है। वातावरण का तापमान शनैः शनैः बढ़ते जा रहा है। मौजूदा जानकारी के अनुसार पृथ्वी सतह का तापमान 20वी सदी के शुरु से अंत तक लगभग 0.8°C (1.4°F) बढ़ा है। इसका तात्पर्य है कि 100 वर्ष में यदि तापमान इसी तरह बढ़ता है तो समस्या गंभीर है। किसी भी जगह का हवामान (Climate) उसके देशांतर (Latitude terrain), समुद्र से ऊँचाई (Altitude), जलीय क्षेत्र (Water bodies) एवं जल धारा (Water currents) के ऊपर निर्भर करता है। अब जलवायु प्रतिरूप (Climate Model) 2007, की चौथी असेसमेंट रिपोर्ट इन्टर गर्वनमेंटल पैनल ऑन क्लाइमेट चेंज (IPCC) के अनुसार, 21 वीं सदी तक पृथ्वी सतह का तापमान 1. 1°C से 2.9°C और बढ़ने की संभावना है।

यदि बढ़ते तापमान पर विचार किया जाए तो निम्नलिखित सारिणी से समझ सकते हैं कि ग्लोबल वार्मिंग का कितना प्रभाव पृथ्वी सतह पर पड़ रहा है। निम्नलिखित सारिणी में मुंबई के विभिन्न स्थानों पर 1998 में लिए गए औसत तापमान की तुलना 2011 के औसत तापमान से की गयी है :

सारिणी 8. 1998 व 2011 में विभिन्न स्थानों पर लिए गए औसत तापमान की तुलना

क्षेत्र	तापमान (°C)		तापमान में बढ़त (%)
	1998	2011	
बांद्रा (पूर्व)	43.30	45.09	1.79
बांद्रा (पश्चिम)	40.49	44.18	3.69
धारावी	46.63	47.09	0.46
घनसोली	42.88	43.19	0.31
घाटकोपर (प)	41.56	42.37	0.81
खार (प)	40.41	44.31	3.90
मलबार हिल	38.70	43.18	4.48
मीरा भायंदर	44.05	45.95	1.90

परेल	42.16	44.50	2.34
सानपाडा	42.04	43.24	1.20
सांताक्रूज (पू)	44.98	46.62	1.64
सांताक्रूज (प)	41.63	45.93	4.30
तारदेव	43.30	44.51	1.21
उत्तन	37.34	43.90	6.56
वाशी	42.75	43.26	0.51

उपरोक्त सारिणी में हम देख रहे हैं कि सम्पूर्ण मुंबई में पिछले 14 वर्ष में तापमान बढ़ा है। मुंबई के अलग अलग क्षेत्रों में विभिन्न रेंज में तापमान बढ़ने का कारण विभिन्न भौगोलिक स्थिति, विभिन्न प्रदूषण प्रभाव, विभिन्न पेड़ पौधों की संख्या व विभिन्न तरीके से पेड़ पौधों की कटाई कर जमीन के प्रयोग में बदलाव इत्यादि हैं। हमने देखा कि पिछले 14 वर्ष के अंतर्गत सबसे अधिक तापमान उत्तन में (6.56%) बढ़ा। मलबार हिल जो मुंबई का सबसे आलीशान इलाका माना जाता है, पिछले 14 वर्ष में औसत तापमान 4.48% बढ़ा। इसी प्रकार ग्लोबल वार्मिंग का प्रभाव पूरे पृथ्वी पर पड़ रहा है। परिणामस्वरूप पूरी दुनिया के तापमान में वृद्धि हो रही है।

8.3 ग्रीन हाऊस गैस (Greenhouse gas) और इसकी रोकथाम

ग्रीनहाऊस गैस वे गैस हैं जो सूर्य की इन्फ्रारेड किरणों (Infrared radiation) को अवशोषित (Absorb) कर उष्मा को पृथ्वी की तरफ निष्कासित करती हैं। यही प्रक्रिया ग्लोबल वार्मिंग की जड़ है। पृथ्वी के वातावरण में प्रमुख ग्रीनहाऊस गैस कार्बन डायऑक्साइड (CO_2), मिथेन (CH_4), नाइट्रस ऑक्साइड (N_2O), ओजोन (O_3) एवं जल वाष्प (Water vapour) हैं। इसमे कार्बन डायऑक्साइड जिसकी मात्रा आकाश में सबसे अधिक एकत्रित हो रही है, ग्लोबल वार्मिंग के लिए सबसे गंभीर समस्या है।

वास्तव में मानव गतिविधियों द्वारा ग्रीन हाऊस गैस के उत्पन्न होने व प्राकृतिक क्रियाओं द्वारा इन गैस को विभिन्न रासायनिक कम्पाउण्ड में परिवर्तित करने के बीच संतुलन होने की आवश्यकता होती है। यदि ऐसा हो तो ग्लोबल वार्मिंग का प्रश्न नहीं उठता है।

परन्तु मानव गतिविधियों द्वारा इन गैस का आकाश में एकत्रित होकर बढ़ना, इसके रासायनिक कम्पाउण्ड परिवर्तन की तुलना में अधिक है। परिणामस्वरूप, पृथ्वी का तापमान निरंतर बढ़ता जा रहा है। यदि हम कार्बन डायऑक्साइड (CO_2) पर विचार करें तो 1956 से 2006 तक मानव गतिविधियों द्वारा इसके निष्कासन में 0.25 ± 0.21 प्रतिवर्ष, बढ़ोत्तरी हुई है।

हालांकि कार्बन मोनोआक्साइड (CO) एवं हाइड्रोजन क्लोराइड (HCl) ग्रीनहाऊस गैस नहीं हैं क्योंकि ये वातावरण में कम समय तक ही अपनी स्थिति में रहती हैं, जल्द ही रासायनिक क्रियाओं द्वारा परिवर्तित हो जाती हैं परन्तु ये भी अवरक्त (Infrared) किरणों को अवशोषित कर पृथ्वी की तरफ निष्कासित करती हैं। क्लोरोफ्लोरोमोनो कार्बन भी अवरक्त किरणों को अवशोषित करता है।

अब हमने समझ लिया कि ग्रीन हाऊस गैस ग्लोबल वार्मिंग की जड़ हैं। ये गैस औद्योगिक चिमनियों से निकल कर आकाश में प्रवेश करती हैं। सर्वाधिक खतरा कार्बन डायऑक्साइड से है जिसकी मात्रा निम्नलिखित सारिणी में दी गई है :

सारिणी 9. ग्रीन हाऊस गैसों की मात्रा

गैस	सूत्र	मात्रा (%)
जलवाष्प	H_2O	36-72
कार्बन डायऑक्साइड	CO_2	9-26
मिथेन	CH_4	4-9
ओजोन	O_3	3-7
नाइट्रोजन ऑक्साइड	N_2O	2-3
सल्फर डायऑक्साइड	SO_2	2
अन्य	–	1

इनके अतिरिक्त क्लोरोफ्लोरोमोनो कार्बन ($CHClF_2$), टेट्राफ्लूरो मिथेन (CF_6), हेक्जाफ्लोरो मिथेन (C_2F_6), सल्फर हेक्जाफ्लोराइड (SF_6) एवं नाइट्रोजन ट्राईफ्लोराइड (NF_3) भी ग्रीन हाऊस गैस हैं तथा तापमान बढ़ाती हैं।

अतः हम सभी का कर्तव्य है कि अविरल बढ़ते तापमान, जो एक गंभीर समस्या है, पर नियंत्रण हेतु शीघ्र ही कार्यरत हों। ग्रीन हाऊस गैस कम करने का एकमात्र उपाय यह है कि इसे उत्पन्न होने से रोका जाए। ये गैस जो औद्योगिक ईकाइयों की देन है, अब इसे न छोड़ने की आवश्यकता है।

आपको जानकर आश्चर्य होगा कि ग्रीन हाऊस गैस के उत्पन्न होने के कुछ घरेलू उपकरण भी है – जैसे ट्यूबलाइट, टी॰वी॰, रेडियो, टेपरिकॉर्डर, एयर कंडीशन, माइक्रो चूल्हा इत्यादि, जब स्विच ऑन होते हैं, इससे इलेक्ट्रिक ऊर्जा उत्सर्जित होती है, जो अवरक्त किरणों को अवशोषित करती हैं।

कार्बन मोनोऑक्साइड (CO) एवं कार्बन डायऑक्साइड का सबसे बड़ा स्रोत वाहनों में डीजल या पेट्रोल के प्रयोग से है। ये गैस गाड़ियों या वाहनों से अधिक निष्कासित होती हैं। इसलिए गाड़ियों में अच्छे किस्म का पेट्रोल या डिजल प्रयोग किया जाना चाहिए। इंजन अच्छी तरह काम करने वाला हो जिससे पेट्रोल/डीजल पूरी तरह जल जाए व CO का निष्कासन कम से कम हो।

इसके अलावा एक ऐसा स्रोत भी है जिससे मिथेन (CH_4) गैस निष्कासित होती है किन्तु हमें पता नहीं चलता है जैसे कूड़ा कचरा व सड़ी गली वस्तुएँ। हम कूड़ा कचरा व सड़ी गली वस्तुएँ कचरे में फेंक देते हैं, जो सड़ने के बाद मिथेन (CH_4) उत्सर्जित करती हैं। अतः सड़ी–गली वस्तुओं को जला दिया जाए तो ग्रीन हाऊस गैस के उत्सर्जन पर रोक लग सकती है। परन्तु सीधे जलाने से भी CO_2 उत्सर्जित होती है। अतः सड़ी–गली वस्तुओं एवं कूड़ा–करकट को वैज्ञानिक तकनीक से इनसीनरेट (Incinerate) किया जाए जिससे CO_2 उत्सर्जन को रोका जा सकता है।

8.3.1 कार्बन डायऑक्साइड को कम करने के उपाय

वातावरण में कार्बन डायऑक्साइड CO_2 को कम करने का दूसरा उपाय वृक्षारोपण है। वृक्षों से ऑक्सिजन (O_2) उत्सर्जित होती हैं तथा वृक्ष (CO_2) गैस को अपने भोजन के रुप में प्रकाश संश्लेषण क्रिया द्वारा प्रयोग करते हैं। इस प्रकार वातावरण में CO_2 की मात्रा कम होती है।

अतः ग्रीनहाऊस गैस के प्रमुख घटक CO_2 को कम करने के लिए प्रथम उपाय उसके स्रोत से निष्कासन रोकना तथा दूसरा उपाय उसे कम करने हेतु वृक्षारोपण है। इसलिये ये हम सभी का कर्तव्य है कि वृक्षारोपण में भाग लें व पृथ्वी पर हरियाली लायें। कार्बन डायऑक्साइड (CO_2) को आकाश में से कम करने में सबसे बड़ा योगदान समुद्र का हैं। इतने बड़े विशाल समुद्र में उत्पन्न शैवाल एवं पादप प्लवक, आकाश की CO_2 को समुद्र द्वारा अवशोषित होने के बाद भोजन के रुप में प्रकाश संश्लेषण क्रिया द्वारा प्रयोग करते हैं। इस प्रकार CO_2 की मात्रा आकाश में कम होती है तथा उनके द्वारा उत्सर्जित ऑक्सिजन (O_2) आकाश में बढ़ती है। अतः हमें समुद्र को सुरक्षित एवं स्वस्थ रखना चाहिए।

ग्लोबल वार्मिंग का प्रभाव : हम जानते हैं कि ग्लोबल वार्मिंग का तात्पर्य पृथ्वी का तापमान निरंतर बढ़ना हैं। इस तापमान के बढ़ने से ध्रुवीय बर्फ एवं हिमानी (Glaciers) में जमा हुआ बर्फ धीरे–धीरे पिघल रहा है। प्रतिवर्ष बर्फ पिघलने की गति, बर्फ जमने की गति से अधिक है। यही चिंता का सबसे बड़ा विषय है क्योंकि पिघलते हुए बर्फ से समुद्र का जल स्तर धीरे–धीरे बढ़ रहा है।

इंटर गर्वनमेंटल पैनल ऑन क्लाइमेट चेंज (IPCC) रिपोर्ट 2001, के अनुसार पूरे विश्व समुद्र का स्तर 0.1–0.2 इंच प्रतिवर्ष बढ़ रहा है। इस प्रकार वर्ष 2010 में विश्व समुद्र 11–31 इंच (28–79 cm) बढ़ने की बात कही गई है। वर्तमान संशोधन के अनुसार जो आंकड़े प्राप्त हुए हैं वे इस प्रकार है – आर्क्टिक बर्फ जो 2011 में 2,135 Cu.miles मापा गया, वो 1979 के कुल आर्क्टिक बर्फ से लगभग 26% कम है। यह एक गंभीर चिंता का विषय है। एक अध्ययन के अनुसार 1950–2009 तक जो बर्फ पिघली उसकी औसत 1.7 ± 0.3 मि॰मी॰/प्रतिवर्ष रही। इस प्रकार समुद्र स्तर बढ़ते ही जा रहा है। जो हमारे लिए बेहद खतरनाक है।

इन समस्याओं से निपटने के लिए ग्रीन हाऊस गैसों को स्रोत से कम करना होगा तथा वृक्षारोपण कर CO_2 को कम करना होगा। ऑक्सिजन (O_2) निष्कासित करने व कार्बन डायऑक्साइड (CO_2) ग्रहण करने के लिए मैंग्रूव जो अधिक ऑक्सिजन विसर्जित करते हैं, उनका वृक्षारोपण करना होगा। समुद्र को सुरक्षित रख कर पादप प्लवकों की उपज सुनिश्चित करनी होगी।

अध्याय – 9

प्राकृतिक आपदाएं एवं प्रक्रियाएं

प्राकृतिक समुद्री आपदाओं में समुद्री तूफान, सुनामी इत्यादि विशेष हैं।

9.1 सुनामी (Tsunami)

हम जानते है कि पृथ्वी घूमती है व अपनी धुरी पर 24 घंटे में एक चक्कर लगाती है। इसी तरह पृथ्वी सूर्य के चारों तरफ परिक्रमण कर 365 दिन 6 घंटे में एक चक्कर पूरा कर लेती हैं। इतने वेग से पृथ्वी के घूमने के कारण पृथ्वी की कमजोर परतें कई बार टूट या खिसक जाती हैं। जब यह कहीं पृथ्वी की खुली जगह पर होता है, जिससे जमीन की प्लेट खिसक जाती है तो पृथ्वी के नीचे से आग, राख, लावा निकलने लगता है। इसका वेग इतना तीव्र होता है कि उससे इद्र–गिद्र की ही नहीं बल्कि दूर तक पृथ्वी की परतों में कंपन उत्पन्न हो जाती है। इसे हम भूकंप कहते हैं।

जब यह समुद्र में होता है, तो समुद्री पेंदी की प्लेट टूटने से समुद्र में भूकंप आ जाता हैं। अब समुद्री पेंदी के नीचे से आग, राख, लावा इतने तीव्रता का होता है कि वह अपने समीप के पानी को तूफान के जैसे अत्यधिक गति से फेंकता है। इस समुद्री भूकंप को सुनामी कहते हैं। इस ऊर्जा से उत्पन्न अति तीव्र लहरों को सुनामी लहरें कहते हैं। इन सुनामी लहरों में इतनी अत्यधिक ऊर्जा होती है कि यह मकान, दीवार, लाइट हाऊस, बन्दरगाह या किसी भी निर्माण कार्य को तहस नहस कर सकती है। यदि इसके सामने पानी की जहाजें आ जाए तो उन्हें उलट देने में इन लहरों के लिए कोई कठिनाई नहीं होती है। इतना ही नहीं मछुआरे व समुद्र के किनारे बसी मछुआरों की बस्तियां भी इन अति तीव्र सुनामी लहरों से प्रभावित होती हैं। इन लहरों की गति इतनी होती है कि कोई इंसान इनके आगे भाग या दौड़कर बच नहीं सकता है अर्थात्

इनका वेग मानव के दौड़ने से भी अधिक होता है। यही कारण है कि सुनामी लहरों की चपेट में मानव एवं जानवर के अतिरिक्त कई बार चिड़ियां भी आ जाती हैं।

पिछले दिनों में सुनामी द्वारा लोगों के जानमाल के नुकसान व प्रभावित देशों की सारिणी निम्न प्रकार है :

सारिणी 10. सुनामी से प्रभावित देश व उससे हुई जनहानि

रैंक	मृत्यु संख्या	सुनामी की जगह	प्रभावित देश	वर्ष
1	230,210–3,10,000	हिन्द महासागर	इंडोनेशिया, भारत, श्रीलंका, थाईलैंड, मालद्वीप, बंगलादेश, सोमालिया	26 दिसम्बर, 2004
2	1,23,000	मेसिना समुद्र	मेसिना, इटली	1908
3	10,000	लिसबान समुद्र	पोर्तुगल, स्पेन, मोरक्को, इंग्लैण्ड, ग्रीस	1755
4	40,000	मिनोयन इरप्सन	ग्रीस	2000
5	36,000	क्राकाटोआ	इंडोनेशिया	1883
6	30,000	होयी	जापान, टोकाडो	1707
7	25,674	अरिका	अरिका, चिले	1868
8	22,070	मेयजी	संरीकू, जापान	1896
9	18,880	टोहोकू	जापान	10 मार्च, 2011
10	15,030	काइयुसू (क्यूशू)	जापान	1792
11	12,000	ग्रीट यियामा	ओकीनावा, जापान	1771
12	400–600	कावेरीपट्टिनम	पुंपुहर, तमिलनाडू (भारत)	

9.1.1 सुनामी की चेतावनी व भविष्यवाणी

सुनामी की भविष्यवाणी करना बहुत ही कठिन है परन्तु समुद्र में भूकंप आते ही मौसम विभाग, तेज हवाओं व लहरों की चेतावनी दे सकता है। वैज्ञानिकों ने स्वयं सूचक, जो समुद्री – भूकंप के

आने पर समुद्री हलचल का संकेत दे देता है, का विकास किया है। सुनामी चेतावनी प्रणाली (Tsunami warning system) के संकेत, तेज व खतरनाक लहरों के पहुँचने से पूर्व पहुँच जाते हैं व समाचार द्वारा चेतावनी दी जाती है। जापान ने 12 मई 2011 से आम जनता तक चेतावनी पहुंचाने हेतु सुनामी के कुछ क्षेत्रों को चुना है जहाँ बहुधा सुनामी आती है। सुनामी के खतरे की चेतावनी कुछ समय पहले दे दी जाती है। परन्तु वैज्ञानिकों ने निर्णय लिया है कि 2014 तक ऐसे यंत्रों का निर्माण किया जाएगा जो समुद्री भूकंप की भविष्यवाणी कर सकें।

9.1.2 बचने के उपाय

सुनामी आने की जानकारी (Prediction), यदि लोगों को पहले ही दे दी जाए तो इसके चपेट में आने से मछुआरे या समुद्र के किनारे बसे गाँव बचाए जा सकते हैं। सुनामी आने की सही सूचना देना (Forecasting) इतना आसान काम नहीं हैं क्योंकि यह एक प्राकृतिक आपदा है। फिर भी समुद्री पेंदी की कमजोर परतों की जानकारी एकत्र की जा सकती है। यह भी पता लगाया जा सकता है कि समुद्र पेंदी की वह कौन सी परतें हैं जो समुद्री भूकंप के दायरे में हैं। ऐसा करने से इन क्षेत्रों में बसी बस्तियों को इसकी सूचना प्रदान करके, भयंकर क्षति से बचाया जा सकता है। सुनामी से बचने के लिए एकमात्र उपाय ऊँचे स्थान की तरफ भाग जाना या ऊँची इमारतों पर चले जाना है। समुद्र के तट पर बसे लोगों का सुनामी की तीव्र हवाओं का संकेत मिलते ही ऊँचे स्थान की तरफ चले जाना सर्वदा सुरक्षित है।

9.1.3 देश की सुरक्षा

किसी भी शहर के चारों तरफ ऊँची दीवारें जो मजबूत किस्म की हों सुनामी लहरों को रोक सकती हैं। भारत में आई 2004 की सुनामी का असर भारत व उसके चारों तरफ के 14 देशों में देखा गया। परिणाम इतना भयंकर था कि कुल 2,30,000 लोगों की जानें गई। यह सुनामी रिक्टर स्केल पर 9.2 मैग्नीट्यूड की मापी गई थी।

जापान में सुनामी सबसे अधिक आयी। अलीसीयन द्वीप में सुनामी 1 अप्रेल 1946 को 7.8 मैग्नीट्यूड (रिक्टर स्कैल) की थी।

1960 में वालदीविया में आई बहुत ही तबाही मचाने वाली सुनामी 9.6 मैग्नीट्यूड की थी। 1964 में अलास्का समुद्र के भूकंप द्वारा सुनामी 9.2 मैग्नीट्यूड की थी। जापान के समुद्र में 4.2 मैग्नीट्यूड के भूकंप ने भी समुद्री लहरों को तेज एवं भयानक कर दिया था।

इसलिए सुनामी चाहे चट्टान खिसकने से समुद्र में आए भूकंप से हो या टैक्टोनिक भूकंप समुद्र में होने से हो या फिर समुद्री तूफान से हो, इनकी लहरें बहुत खतरनाक एवं जानलेवा होती हैं।

अतः सुनामी आने की भविष्यवाणी (forecasting) करने हेतु मौसम विभाग के वैज्ञानिकों के अतिरिक्त संबंधित अंतर्राष्ट्रीय एजेंसियों की मदद प्राप्त कर टैक्टोनिक हलचल की जानकारी आम लोगों तक पहुंचनी चाहिए।

9.2 समुद्री तूफान (Cyclone) व भविष्यवाणी

जब किसी क्षेत्र के वायुमंडल में कम दाब (Low Pressure) विकसित होता है, तो दूसरे अधिक वायुमंडलीय दाब (High Pressure) वाले भाग से बादल इधर खिंचते चले आते हैं। हवाएँ कम दाब के क्षेत्र की तरफ तीव्र गति से चली आती है। यदि कम दाब बहुत अधिक समुद्री क्षेत्र में हो तो हवाएँ अत्याधिक तेजी से अधिक दाब की तरफ से कम दाब की तरफ बहती हैं। ऐसे में जब किसी समुद्री क्षेत्र में कम दाब (Low Pressure) विकसित हुआ हो और उसी समय पूर्णिमा या अमावस्या का समुद्री ज्वार हो तो समुद्री लहरें अति तीव्र गति से तट की तरफ पहुँचती हैं एवं तूफानी हो जाती हैं। समुद्र में 6–15 मीटर तक की ऊँची लहरें उठती हैं। ये लहरें तब अधिक तूफानी होती हैं, जब धारा की दिशा एवं हवा की दिशा एक होती है। ऐसे में जब 100–200 मीटर प्रति घंटा की तेज हवाएँ चलने लगती हैं तो असमतल तटीय समुद्र हवा के साथ टकरा कर बहुत बड़ी–बड़ी लहरों को उत्पन्न करते हुए तट की तरफ तीव्रता से पहुँचकर मानव की तटीय गतिविधियों को अपनी चपेट में ले लेता हैं। जब धाराएँ हवा के प्रतिकूल होती हैं, तो तुलना में लहरें कुछ अधिक ऊँची होती हैं।

इस प्रकार अत्यधिक तेज हवाएँ जो कम दाब के वातावरण (Low Pressure) के कारण चली एवं बहुत ही ऊँची लहरों को

उत्पन्न किया अब समुद्री गतिविधियों के लिए भी मुश्किल खड़ी कर देती हैं। इसी को समुद्री तूफान कहते हैं। यह साधारणतया समुद्र में जुलाई–सितम्बर के महीनों में जब कई बार भारी वर्षा होती है, तब आता हैं। इन दिनों मछुआरों को मछली पकड़ने हेतु समुद्र में न जाने के सख्त आदेश होते हैं। समुद्री गतिविधियां मंद हो जाती हैं। गलती से मछुआरे इस तूफान की चपेट में आ गये तो उन्हें कई बार प्राण खोने पड़ते हैं।

9.2.1 बचने के उपाय

तेज समुद्री तूफान से बचने के लिए मौसम विभाग की तरफ से अगले 2–3 दिनों में समुद्री तूफान (Cyclone) आने की संभावना की चेतावनी दी जाती है। बहुधा 24 घंटे पहले पूर्वानुमान (Forecasting) कर दिया जाता है कि मछुआरों को समुद्र में जाने की सख्त मनाही हैं। मनुष्य भी इस प्रकार की सूचना पढ़कर अपने समुद्र संबंधी कार्य सीमित कर लेता है। मछुआरे जो समुद्र के किनारे बसे होते हैं या इमारतों की जनता जो तट पर बसी होती है, इस सूचना के प्राप्त होते ही सावधानी बरतने लगती हैं। इस प्रकार समुद्री तूफान की चेतावनी सुनकर मछुआरे अपनी जान जोखिम में डालने से बच सकते हैं। मानव ऐसी सूचनाओं को प्राप्त कर समुद्र के किनारे या बीच पर नहीं जाते हैं। सैलानी अपने बीच पर घूमने का कार्यक्रम रोककर खतरे से बच सकते हैं। इन परिस्थितियों में आम लोग अपने घर से बाहर न निकले जिससे इन तूफानी हवाओं की चपेट से बचा जा सकता है।

9.3 समुद्री उथल पुथल (Upwelling)

समुद्र में तापमान के परिवर्तन व अचानक तापमान भिन्नता के कारण गहरे समुद्र में भी तूफानी उथल पुथल हो जाती है। ऐसा तब होता है जब समुद्र में थर्मोक्लाइन (Thermocline) की स्थिति उत्पन्न होती है।

हम जानते हैं कि समुद्र के पेंदीवाले जल (Bottom water) का तापमान सतह के जल (Surface water) के तापमान से साधारणतया अधिक रहता है। कई बार समुद्र में प्राकृतिक परिवर्तन के कारण समुद्र के पेंदीवाले जल का तापमान सतह के तापमान से

जब कम होता है, जो थर्मोक्लाइन स्थिति उत्पन्न होने से पेंदी का पानी तेजी से सतह की तरफ आ जाता है। पेंदी का पानी अपने साथ घुली मिट्टी, सूक्ष्म जीवाणुओं के साथ साथ न्यूट्रिएंट (Nutrients) की मात्रा सहित सतह पर पहुँच कर सतह के पानी का गुणधर्म परिवर्तित कर देता है। ऐसा जब होता है तो समुद्र सतह के जल में खाद मात्रा (Nutrients) जो पेंदी की मिट्टी में अधिक थी अब सतह पर आ जाती है। परिणामस्वरूप सूक्ष्म शैवाल व पादप प्लवकों की मात्रा तेजी से सतह के पानी में बढ़ जाती है। इसे हम पादप प्लवक ब्लूम (Phytoplankton bloom) कहते हैं। इसके कारण सतह के पानी की गुणवत्ता बदल जाती है। कभी–कभी ऑक्सिजन की मात्रा पानी में दिन के समय बहुत बढ़ जाती है क्योंकि प्रकाश संश्लेषण क्रिया दिन में होती है। रात के समय घुली ऑक्सिजन की मात्रा गिर जाती है। जैविक उत्पादकता में भी परिवर्तन हो जाता है जिसके कारण मछलियों के उत्पादन में भी परिवर्तन देखा गया है। यह एक प्राकृतिक प्रक्रिया है जो समुद्र में कभी–कभी उत्पन्न होती है। अपवेलिंग से न केवल पानी की रासायनिक गुणवत्ता में परिवर्तन होता है बल्कि कई बार जैविक विविधता पर भी इसका प्रभाव पड़ता है।

लाभ : कई बार ऐसा भी देखा गया है कि अपवेलिंग वाले समुद्री भाग में कुछ नई पादप प्लवकों की प्रजातियाँ उत्पन्न हो जाती हैं। ऐसा इसलिए होता है कि यहाँ पर न्यूट्रिएंट की मात्रा काफी बढ़ जाती है। कुछ विशेष पादप प्लवकों के कारण जैविक विविधता व विशेष रुप से मछलियों की विशेष प्रजातियों की उत्पादकता बढ़ जाती है।

परन्तु कई बार ऐसा भी देखा गया है कि अपवेलिंग के कारण मछलियों की कुछ विशेष प्रजातियाँ उस क्षेत्र से दूसरे क्षेत्र में चली (Migrate) जाती हैं। कुल मिलाकर कहा जा सकता है कि अपवेलिंग के कारण जैविक विविधता में परिवर्तन हो जाता है।

9.4 व्हेल एवं समुद्री कछुओं की आकस्मिक मृत्यु

व्हेल की मृत्यु का कारण : व्हेल एक स्तनधारी प्राणी है। मछुआरे इस प्राणी को देवमासा यानी देवता मछली की संज्ञा देते

हैं। यह अत्यन्त विशालकाय (लगभग 60–95 फुट लम्बी एवं 28 टन से 68 टन वजनी) होती है। ये पानी में लगभग 48 कि॰मी॰ प्रतिघण्टा की रफ्तार से तैर सकती है। कुछ व्हेल 100 टन तक के वजन की होती है। हम पिछले भाग में पढ़ चुके हैं कि व्हेल अपनी अधिकतर जिंदगी ठंडे पानी (पोलर की तरफ) में अथवा अंटार्क्टिका व आर्क्टिक में व्यतीत करती है। परन्तु मैथुन क्रिया व प्रजनन के लिए, ये प्राणी गर्म पानी (Temperate region) की तरफ आ जाती है। यही कारण है कि इन्हें अरब सागर व भारतीय समुद्र का तापमान बहुत पसंद है।

जब व्हेल का शावक 6 महीने का हो जाता है तब वे दोनों ठंडे पानी की तरफ देशांतर करते हैं। जब वे गर्म प्रदेश के समुद्र में जैसे हिन्द महासागर या अरब सागर में आती है, तो कभी–कभी भोजन के लालच में वे कम गहराई वाले पानी या समुद्र किनारे की तरफ पहुँच जाती हैं। इस समय यदि समुद्री पानी में भाटा (Low Tide) का समय हो तो पानी एकदम कम हो जाता है। उस परिस्थिति में व्हेल तैर नहीं पाती और वे फँस जाती है जैसा कि उरन बीच (महाराष्ट्र) के पास देखा गया है। ऐसे में पानी और कम होने से वह पानी से बाहर होकर मर जाती है। लोगों द्वारा उरन बीच पर देखी गयी मृत व्हेल 90 वर्ष पुरानी व गर्भवती थी। प्राप्त जानकारी के अनुसार व्हेल की आयु लगभग 150–200 वर्ष तक होती है।

जब लेखक समुद्र में फिशिंग वाली छोटी नाव लेकर पानी का नमूना लेने व समुद्र का अध्ययन करने अपनी टीम के साथ निकलते हैं, तो कई बार व्हेल (देवमासा) मछली से मुलाकात होती हैं। ये अपने नोस्ट्रिल (ययूनों) से ऊपर की तरफ पानी का फव्वारा छोड़ती हैं, जो करीबन 8–12 मीटर ऊपर उठता है। इस प्रकार सैंकड़ों गैलन पानी मिनटों में छानकर अपना शिकार कर लेती हैं। इनका आहार समुद्री मछलियाँ, कोपेपोड एवं अन्य जीव–जन्तु हैं। मैं (लेखक) जब अंटार्क्टिका में 1990 में गया था, तो वहाँ पर व्हेल की विभिन्न प्रकार की प्रजातियाँ नजर आयी। उरन में देखी गयी हमबेक व्हेल (Humpback Whale) की प्रजाति हमें अंटार्क्टिका में भी दिखी थी। वे वहाँ पर अधिक मात्रा में पाए जाने वाले क्रिल

पेड़–पौधों एवं वृक्षों के अतिरिक्त समुद्र की वनस्पतियाँ जैसे शैवाल एवं सूक्ष्म वनस्पति कोशिकाएं अथवा पादप प्लवकों का प्रमुख महत्व है। इन वनस्पतियों से उत्पन्न ऑक्सिजन (O_2) पानी में घुलती है। ये वनस्पतियाँ अपने भोजन हेतु कार्बन डायऑक्साइड पानी से प्राप्त करती हैं। पानी में ये CO_2 जीव–जन्तुओं की श्वसन क्रिया (Respiration) से प्राप्त होती है। परन्तु जब CO_2 की मात्रा पानी में कम होती है, तो आकाश से पानी में अवशोषित होकर प्राप्त होती है। इस प्रकार पादप प्लवक आकाश से CO_2 प्राप्त करते हैं। परन्तु जब पादप प्लवकों की कोशिकाएं मर जाती हैं तो ये समुद्र की पेंदी में मिट्टी के साथ समा जाती हैं।

इस प्रकार जो कार्बन इन कोशिकाओं में होता है, अब समुद्र की पेंदी और अन्ततोगत्वा मिट्टी के निचले भाग में पहुँच जाता हैं। डॉ॰ जीयालाल जैसवार, 2012 के द्वारा फाइटोबेंथास का अध्ययन किये जाने पर पता चला कि पादप प्लवक कोशिकाएं, मिट्टी में 10 सेमी॰ से 35 सेमी॰ नीचे तक पाई गई। इस अध्ययन के अनुसार इन पादप प्लवकों की कोशिकाओं द्वारा कार्बन समुद्र की पेंदी में मिट्टी के अंदर तक पहुँचकर जमा होता है। इसे ही कार्बन सिंकिंग कहते हैं। डॉ॰ जीयालाल जैसवार के मार्गदर्शन में एक विद्यार्थी की पीएच॰डी॰ (Ph.D) थेसिस 2012, के अनुसार मुंबई के अन्तर्ज्वारिय क्षेत्र में कार्बन कितना निक्षिप्त (Sink) हो रहा है इसकी गणना (Calculation) की गई।

इस प्रकार पाया गया कि मुंबई के सम्पूर्ण अंतर्ज्वारिय क्षेत्र में कुल 10.6×10^3 टन कार्बन सिंक हुआ है। इससे ज्ञात होता है कि वातावरण में जो भारी मात्रा में एकत्र हुआ कार्बन है, उसका अधिकांश भाग समुद्री पेंदी में सिंक होता है, जिससे वातावरण में कार्बन डायऑक्साइड की मात्रा कम होती है। इस प्रकार हम समझ सकते हैं कि पूरे विश्व समुद्र की पेंदी में कितना कार्बन सिंक होता है। परिणामस्वरूप मानव की गतिविधियों द्वारा निष्कासित कार्बन डायऑक्साइड पादप प्लवकों के कारण, आकाश से कम होता हैं। इस प्रकार समुद्र प्राकृतिक तरीके से कार्बन डायऑक्साइड को नियंत्रित करता है। हमें इस कार्बन डायऑक्साइड को और भी नियंत्रित करने की आवश्यकता है।

अतः हम सभी को अधिक से अधिक वृक्षारोपण करना चाहिए तथा अपने समुद्र को भी स्वच्छ रखकर पादप प्लवकों की उपज बढ़ानी चाहिए। यदि समुद्री पर्यावरण स्वस्थ रहेगा हमें रसायन, भोजन व समुद्री औषधियां शुद्ध प्राप्त होंगी। पर्यावरण स्वस्थ होगा तो हमारा जीवन अवश्य स्वस्थ रहेगा। अतः हम हमारे समुद्र को स्वच्छ रखने में अथक प्रयास करने व सरकार का इस कार्य में सहयोग देने में महत्वपूर्ण भूमिका निभाते हुए स्वच्छ एवं स्वस्थ पर्यावरण हेतु अपना कर्तव्य सुनिश्चित करेंगे।

अध्याय – 11

समुद्र तटीय गतिविधियों के कुछ उदाहरण

11.1 समुद्र तट (Beaches)

समुद्री तट वह भाग हैं जहाँ समुद्र का छोर जमीन को मिलता है। समुद्री तट चट्टानों के कणों से बना होता है जैसे बालू, कंकड़, बजरी, रोड़ी इत्यादि। कभी–कभी जैविक कणों जैसे मोलस्क सीप (Mollusc shell) व कोरालीन शैवाल (Coralline algae) से भी इसकी रचना होती है।

समुद्र तट विशिष्ट रूप से समुद्री किनारों (along the coast) को कहा जाता है, जहाँ लहरों व धाराओं की क्रियाओं द्वारा कण व अवसाद (Sediments) पुनः जमा होते हैं।

11.1.1 समुद्र तट का निर्माण

लहरों व धाराओं की क्रियाओं द्वारा मिट्टी व अन्य कणों का निलंबन (Suspension) कर समुद्री तट का निर्माण होता है। बड़े कणों के उछलने से मिट्टी का स्थानांतरण होता है जिसे हम सिल्टेशन (Siltation) की प्रक्रिया कहते हैं। यह कण अपतट चट्टानों व अंतरीप (Headland) के अपरदन (Erosion) तथा घाटी व खड़ी चट्टानों के गिरे हुए टुकड़ों (Scree) से बने होते हैं। अपतट शैवालों की रीफ भी मिट्टी के कणों का एक महत्वपूर्ण स्रोत है।

समुद्री तट का आकार इस बात पर निर्भर करता है कि लहरे रचनात्मक हैं या विध्वंसकारी हैं या फिर तट का निर्माण किन कणों जैसे मिट्टी, कंकड़ व बजरी से हुआ है। रचनात्मक लहरें कणों को तट के आगे की तरफ तथा विध्वंसकारी लहरें पीछे की तरफ पहुँचाती हैं।

11.1.2 समुद्री तट की जैवविविधता

समुद्र तट एक अत्यधिक प्रतिक्रियाशील वातावरण है जो पौधों व जीव जन्तुओं को अस्थिर एवं अत्यंत कर्कश परिस्थितियों से रुबरु कराता है। कुछ जीव जन्तु मिट्टी में माँद बनाकर रहते हैं व लहरों द्वारा जमा हुई सामग्री को भोजन के रूप में प्रयोग करते हैं। समुद्री कछुओं के लिए भी समुद्री तट अंडे देने का उचित स्थान है।

समुद्री तट के प्रकार

समुद्री तट बाहरी दबाव के कारण विभिन्न आकार के होते हैं जैसे :

लहर प्रधान (Wave dominated) – इन तटों का आकार निरंतर आती लहरों, समुद्री महातरंगों व भाटे द्वारा बना होता हैं। ये तट 2 मी॰ या उससे कम गहराई के होते हैं।

बहाव परिवर्तित (Tide modified) – ये तेज प्रवृत्ति व नीची लहरों वाली जगहों पर पाए जाते हैं। आम तौर से जहाँ बहाव लहरों की ऊँचाई से 3–15 गुना हो व लहरों की ऊँचाई 0.3 मी॰ से कम हो।

बहाव प्रधान (Tide dominated) – ये बहाव परिवर्तित समुद्री तटों जैसे ही होते हैं बस बहाव लहरों की ऊँचाई से 10–15 गुना होता है।

समुद्री तट का निर्माण किन कणों से हुआ है इसके आधार पर भी तट के कई प्रकार है :

रेतीला तट (Sandy beach) : मिट्टी या रेत सबसे आम समुद्री अवसाद है। ये अक्सर ज्यादा ऊर्जा वाले वातावरण में पाए जाते हैं। चित्र 72 में आप कुरुंगा का रेतीला तट देख सकते हैं।

दलदली तट (Muddy beach) : ये तट सूक्ष्म अवसादों या अपतट पर जमा हुए कणों के बने होते हैं। रेतीले तट के विपरीत ये अक्सर कम ऊर्जा वाले वातावरण में पाए जाते हैं।

चित्र 72. कुरुंगा का रेतीला तट

चित्र 73. शिवरी (मुंबई) का दलदली तट

पथरीला तट (Rocky shore) : पथरीले तट लगातार नदी के कटाव द्वारा व अपतट चट्टानों के अपरदन (Erosion) तथा घाटी व खड़ी चट्टानों के गिरे हुए टुकड़ों से बने होते हैं।

चित्र 74. द्वारका का पथरीला तट

11.1.3 ज्वारनदसंगम या इश्चुरी (Estuary)

इश्चुरी तट रेखा के निकट आंशिक रुप से संलग्न जलाशय होते हैं जहाँ मीठे व नमकीन पानी का मिश्रण होता है। यह महासागरों और महाद्वीपों के बीच संक्रमण क्षेत्र (Transistion zone) के रुप में कार्य करता है। मीठे पानी के स्रोतों जैसे नदियों से पानी इश्चूरी में मिलता है जिसके कारण इसमें नमक की मात्रा घुल जाती हैं। इश्चुरी हजारों समुद्री प्रजातियों का वास है। इसका सुरक्षित वातावरण व प्रचुर मात्रा में भोजन भंडार मछलियों तथा शंख मीन के लिए उपयुक्त वास है। यही नहीं पानी के समुद्र में जाने से पहले इश्चुरी उसमें से अवसादों व प्रदूषक तत्वों को भी छान देती है जो एक स्वस्थ समुद्र होने के लिए आवश्यक है। इश्चुरी को आप निम्न चित्र में देख सकते हैं।

चित्र 75. इश्चुरी

इस तरह सरकार द्वारा अलंग के पर्यावरण की सुरक्षा की जाती है। प्रदूषण की रोकथाम हेतु गुजरात सरकार की हर व्यवस्था व उपचार के साधन कार्यरत हैं।

11.2.2 भावनगर समुद्र तट

भावनगर समुद्र तट मुलायम मिट्टी (Loose soil), समुद्री उत्पादकता व जैवविविधता के साथ–साथ नमक की खेती के लिए मशहूर हैं। भावनगर समुद्र की विशेषता उसके लंबे अंतर्ज्वारिय क्षेत्र (Intertidal area) की वजह से है। यहाँ के पानी में नमकीनपन अथवा क्षारीयता (Salinity) अधिक (37–42 ppt) देखी गई है। खम्भात की खाड़ी (Gulf of Khambhat) में भावनगर एक ऐसा तट है जहाँ नमक उत्पादन कार्य अधिकतम है जिसे निम्न चित्र में देखा जा सकता है।

चित्र 77. नमक उत्पादन कार्य

इस तरह नमक की खेती बड़े पैमाने पर की जाती है। समुद्र का पानी इंटरटाइडल क्षेत्र (Intertidal area) में प्लॉट बनाकर मेड़बंदी करने के बाद, पम्प द्वारा या ज्वार के समय स्वयं भर दिया जाता है। अब इन छोटे – छोटे चौरस एवं समतल प्लॉट में पानी धीरे–धीरे सूर्यप्रकाश से सुखाया जाता है। पानी अलग–अलग प्लॉटस में जैसे सर्वप्रथम रिजर्वोयर (Reservoir), फिर कंडेसर

(Condenser) तथा अंत में क्रिस्टलाइजर (Crystalliser) की विभिन्न गहराइयों से गुजरता है। इन कई चरणों के प्रक्रियाओं से होने के बाद अंत में क्रिस्टलाइजर से नमक निकाला जाता है। पुनः समुद्र के पानी से ही इस कच्चे नमक की धुलाई होती है।

अंत में नमक का और भी शुद्धिकरण कर अनावश्यक तत्व (Impurity) निकाल दिए जाते हैं। अब आयोनाइजेशन (Ionization) द्वारा नमक में आयोडीन की हल्की सी मात्रा मिलाने के बाद पैकिंग कर दिया जाता है। इस प्रकार तैयार नमक बाजार में भेजा जाता है। इसमें बड़े पैमाने पर संलग्न कंपनियों में टाटा केमिकल्स लि॰, निरमा लि॰ इत्यादि हैं।

भावनगर तट पर लगी निरमा कंपनी नमक के व्यापार में भारत में दूसरे स्थान पर है। नमक से कंपनी सोडा ऐश ($NaHCO_3$) बनाने के लिए मशहूर है। भावनगर के तट पर समुद्र से सटी हुई कंपनी अब कई अन्य रसायन के साथ–साथ प्रतिदिन 1200 टन सोडा ऐश बनाती है। सोडा ऐश साबुन, शीशा (कांच) इत्यादि बनाने में विशेष रुप से प्रयोग में लाया जाता है। इसके अतिरिक्त सोडा ऐश अनेक वस्तुओं व हवाई जहाज में लगने वाली सामग्री में भी प्रयोग होता है। सोडा ऐश की आवश्यकता इतनी बढ़ गई है कि वह विदेशों से भी आयात किया जाता है। टाटा एवं निरमा कंपनी द्वारा बनाया सोडा ऐश कंपनी द्वारा साबुन (Soap) बनाने के कार्य में विशेष रुप से प्रयोग किया जाता है। हम सभी को ज्ञात है कि ये कंपनियाँ कई तरह के साबुन बनाती हैं।

इस प्रकार निरमा कंपनी प्रतिदिन 2×10^5 m^3/d मिलियन लीटर पानी समुद्र से लेती है। कंपनी में बॉयलर (Boiler) को ठंडा करने के लिए समुद्र के पानी का प्रयोग होता है। नमक बनाने में भी समुद्र के पानी का प्रयोग होता है। अंत में बचा हुआ पानी समुद्र में वापस छोड़ा जाता है। कंपनी द्वारा निष्कासित पानी, मानक के अनुसार उपचार के बाद समुद्र में ऐसे जगह पर छोड़ा जाता है जहाँ से वह फिर किनारे पर नहीं आ पाता है।

भावनगर में कंपनी के साल्ट पेन्स के रिजर्वायर में अनेक फ्लेमिंगों (Flamingo) पक्षी आजादी से अपना भोजन प्राप्त करते हुए इस चित्र में देखे जा सकते हैं।

चित्र 78. फ्लेमिंगो (Flamingo) पक्षी

11.2.3 द्वारका समुद्र तट

गुजरात राज्य में द्वारका समुद्र तट जामनगर जिले में है। द्वारका तट ओखा (Okha) तट से सटा है। ओखा तहसील सौराष्ट्र में हैं।

चित्र 79. द्वारका का समुद्री तट

द्वारका 22°23′ N एवं 68°97′ E में विराजमान भगवान श्रीकृष्ण के अति सुंदर एवं विशाल मंदिर के कारण इसे भगवान

श्रीकृष्ण का शहर माना जाता है। कहा जाता है कि भगवान श्रीकृष्ण (Lord Krishna) मथुरा से कुछ यादव परिवार के साथ द्वारका आए व अपना राज्य स्थापित किया। कहा यह भी जाता है कि द्वारका का तात्पर्य द्वार यानी धरती पर मोक्ष प्राप्त करने का द्वार तथा चार धाम में से एक धाम हैं। नीचे दिए गए चित्र में श्री कृष्ण का अति सुंदर एवं विशाल मंदिर जो द्वारका के समुद्री किनारे पर उपस्थित है आप यहाँ देख सकते हैं।

चित्र 80. द्वारका में श्रीकृष्ण मंदिर

जल वायु

द्वारका में सर्दी के मौसम में तापमान बहुत गिर जाता है जो जनवरी में न्यूनतम 5°C तक मापा गया है। जब गरमी का मौसम आता है तो तापमान मई के महीने में बहुत ही अधिक हो जाता है।

द्वारका का अधिकतम तापमान 42°C मापा गया है। इस प्रकार द्वारका में औसत तापमान 22°C - 28.7°C के बीच रहता है। यहाँ वर्षा जून से सितम्बर तक लगभग 12–13 इंच तक होती है।

द्वारका समुद्र तट पर होने के कारण यहाँ का वातावरण सुहावना है। यहाँ पर भगवान श्रीकृष्ण के मंदिर के अतिरिक्त रुक्मिणी देवी का अति सुन्दर मंदिर भी है जिसे बैठ द्वारका मंदिर (Bet Dwarka Temple) के नाम से जाना जाता है। चूंकि यह एक समुद्र से घिरा हुआ छोटा सा द्वीप हैं, यहाँ पर केवल नौका (Boat) से ही जा सकते हैं। मंदिर में उपस्थित लक्ष्मी नारायण, बिविक्रमा, जंबावती देवी, सत्यभामा देवी की मूर्तियां बैठ द्वारका के इस मंदिर की अद्‌भुत शोभा है।

11.2.3.1 द्वारका नगरी

महाभारत युद्ध (3138 BC) के 36 वर्ष बाद जब श्रीकृष्ण जी वैकुंठ पधार लिए, द्वारका सुनामी जैसे महातूफान के चपेट में आकर समुद्र में डूब गई। द्वारका डूबने का कारण चाहे जमीन खिसकना (Land sliding), भूकंप या सुनामी हो, परन्तु यह सच है कि समुद्र में आज उसके डूबने के पूरे प्रमाण हैं। राष्ट्रीय समुद्र विज्ञान संस्थान (NIO) के भूगर्भविज्ञान विभाग ने समुद्र के अंदर डूबी हुई द्वारका व मंदिर के अवशेष समुद्र से निकाले। राष्ट्रीय समुद्र विज्ञान के वैज्ञानिकों ने इस बात से सहमति जताई कि पुरानी द्वारका समुद्र में डूबी है।

द्वारका एवं ओखा से लेकर उससे सटे जामनगर समुद्र तट पर रेत, पत्थर व मिट्टी से बने बंद है जिन पर अब विशेष वनस्पतियां उगी है, उन्हें सैंड ड्यून (Sandune) कहा जाता है। ये ऊँचे बंद इस बात का सबूत है कि भयंकर सुनामी जैसे तूफान ने समुद्र से रेत, पत्थर व मिट्टी को अपनी लहरों के तीव्र गति से समुद्र से बहुत दूर जमीन की तरफ पहुंचा दिया है। अंत में सुनामी समाप्त होने पर ये बंद बन गए। लैंड स्लाइडिंग या चट्टानें खिसकने से द्वारका नगरी पानी में चली गई। आर्कियोलोजिकल (Archeological) सर्वे एन॰आई॰ओ॰टी॰ (NIOT) के 2000–2004 के सर्वे से भी सिद्ध हो चुका है कि द्वारका डूबी है।

जैविक विविधता – द्वारका का तट जो कुरुंगा गांव की तरफ है बहुत ही उपजाऊ एवं जैविक विविधता में बहुत धनी तट है। अनेक प्रकार के शैवाल, पादप प्लवक, जैविक प्लवक, बेंथोस, अनेक प्रजातियों की मछलियाँ, शंख, मोती, मूँगे इत्यादि से यह तट प्रचुर है। प्रवाहित ठोस पदार्थ (Suspended solid) की मात्रा कम होने से यहाँ का पानी साफ है। निलम्बित ठोस भार (Suspended load) कम होने से प्राथमिक उत्पादकता प्रचुर है। परिणामस्वरूप राष्ट्रीय समुद्र विज्ञान संस्थान के वैज्ञानिक डॉ॰ जीयालाल राम जैसवार व उनके दल द्वारा यहाँ अविरल अध्ययन चल रहा है।

11.2.4 ओखा समुद्र तट

मीठापुर (ओखा) के तट पर टाटा केमिकल्स लिमिटेड (TCL) कंपनी मौजूद है। यह सोडा ऐश ($NaHCO_3$) बनाने वाली भारत की सबसे बड़ी कंपनी है। यह कंपनी समुद्र से पानी प्राप्त करती है, जो कंपनी के नमक बनाने के क़ार्य में आता है। इसलिए कंपनी के साल्ट वर्क्स (Salt works) के लिए साल्ट पेन्स (Salt pans) कई हजार एकड़ में फैला है, जिसमें नमक बनाया जाता है। नमक बनाने वाली टाटा लि॰ कंपनी कच्चा नमक तैयार करने के बाद, आयोनाइजेशन करती है। इसके अतिरिक्त टाटा लि॰ कंपनी समुद्र के पानी से अनेक तरह के रसायन तैयार करती है। कई रसायन जो विदेशों से आयात किए जाते थे अब टाटा कंपनी द्वारा मीठापुर में बनाये जाते हैं।

टाटा कंपनी अब समुद्र से पानी प्राप्त कर अनेकों कीमती रसायनों का निर्माण करती है जिससे न केवल देश में इन रसायनों की प्राप्ति होती है बल्कि द्वारका, ओखा, पोरबंदर इत्यादि स्थानीय लोगों की रोजी–रोटी प्राप्त होती हैं। यही कारण है कि इस क्षेत्र का सराहनीय विकास हुआ।

11.2.5 भारतीय समुद्र का परीक्षण

पिछले भाग में कई भारतीय तट पर हो रहे अध्ययन का उल्लेख हम कर चुके हैं। अभी कुछ वर्षों के दौरान समुद्री संसाधन के उपयोग में तेजी से वृद्धि होने के साथ–साथ समुद्री वातावरण के प्रदूषण की समस्या भी तेजी से बढ़ रही हैं। ऐसी स्थिति में यह

अनिवार्य है कि समुद्री परिवहन में वृद्धि हो व अविरल अध्ययन कर समुद्र को पर्यावरण अनुकूल बनाया जाए। इतना ही नहीं समुद्री तटीय जल की गुणवत्ता में हुए परिवर्तन को समझने के लिए उसके आधारभूत आँकड़ों तथा उसके विश्लेषण की जरूरत है। यही कारण है कि सीएसआईआर–राष्ट्रीय समुद्र विज्ञान संस्थान के वैज्ञानिकों द्वारा उपरोक्त सभी तटों पर अध्ययन व परीक्षण चल रहा है।

सागरों के परीक्षण के लिए वैज्ञानिक विभिन्न यंत्रों का उपयोग करते हैं। इन परीक्षणों की एक मूलभूत आवश्यकता है – बड़े जहाज व नाव। यह जहाज अत्यंत महत्वपूर्ण है क्योंकि सागर के अध्ययन हेतु समस्त जरूरतों से ये परिपूर्ण होते हैं। सैम्पलिंग हेतु मशीनें व बोतलें, जैविक प्लवक अध्ययन हेतु जाल, ताप व लवणता (Salinity) मापने के यंत्र, बहाव व धारा मापने के यंत्र इत्यादि सभी से ये जहाज सुसज्जित होते हैं। निवास, भोजन इत्यादि की सुविधाएं भी इनमें उपलब्ध होती हैं जिससे कि वैज्ञानिक व विद्यार्थी लगातार कुछ दिनों व सप्ताहों तक सागर में रहकर अपना अध्ययन पूरा करते हैं। ओ॰ आर॰ वी॰ गवेशनी द्वारा राष्ट्रीय समुद्र विज्ञान संस्थान अनेक समुद्री अध्ययन कर चुका है। इसी तरह महासागर विभाग, नई दिल्ली की कई जहाजें जैसे सागर सुक्ति, सिंधु संकल्प, ओ॰ आर॰ वी सागर कन्या, चार्टेड वेसल – बोरिस पेट्रोव जो समुद्र अध्ययन के लिए उपयुक्त हैं, सीएसआईआर–राष्ट्रीय समुद्र विज्ञान संस्थान के वैज्ञानिक उन पर अपना अध्ययन पूरा करते हैं। इस अविरल अध्ययन के कारण अब राष्ट्रीय समुद्र विज्ञान संस्थान के पास आँकड़ों का भंडार है। नीचे दिए चित्र 81 एवं 82 में आप परीक्षण के उपयोग में ली जाने वाली ओ॰आर॰वी सागर कन्या एवं सागर सूक्ति को देख सकते हैं।

उपरोक्त जहाजें जो महासागर विकास विभाग और अब भूविज्ञान मंत्रालय (मिनिस्ट्री ऑफ अर्थ साइन्स) भारत सरकार की हैं, इनके द्वारा लेखक व अन्य सीएसआईआर–राष्ट्रीय समुद्र विज्ञान संस्थान के वैज्ञानिक समुद्र सर्वेक्षण कार्य कर, इसके रहस्यों जैसे समुद्र की गहराई, जल की गुणवत्ता, जैविक विविधता, जल की तरंग, समुद्री खाद्य श्रृंखला, उत्पादकता इत्यादि का अन्वेषण करते रहे।

चित्र 81. ओ॰आर॰वी सागर कन्या

चित्र 82. सागर सूक्ति

11.2.6 समुद्री पवन ऊर्जा से विद्युत ऊर्जा

भारत में पवन ऊर्जा का विकास सन 1990 में शुरु हुआ तथा पिछले कुछ दिनों में महत्वपूर्ण ढंग से बढ़ा है। 31 दिसंबर, 2012 में

प्राप्त जानकारी के अनुसार पवन ऊर्जा की क्षमता पूरे भारत में 18420 MW है व गुजरात में 2884 MW है।

वातचालित टर्बाइन (Wind turbine) वह यंत्र है जो पवन ऊर्जा से प्राप्त गतिजन्य ऊर्जा (Kinetic Energy) को यांत्रिक ऊर्जा (Mechanical Energy) में परिवर्तित करता है। यदि वह यांत्रिक ऊर्जा विद्युत पैदा करने के काम आती है तो उसे वातचालित टर्बाइन कहते हैं और यदि यही यांत्रिक ऊर्जा यंत्र चलाने या यांत्रिकत्व शक्ति के रुप में प्रयोग आती है तो उसे पवन चक्की (Wind Mill) कहते हैं। पवन फार्म (Wind Farm) वह जगह है जहाँ बहुत सारे वातचालित टर्बाइन्स एक साथ लगे होते हैं। द्वारका से लेकर पोरबंदर (गुजरात) तक हजारों ऐसी पवन चक्कियों को आप देख सकते हैं। इनसे उत्पन्न ऊर्जा हमारे उपयोग के लिए उपयुक्त है। इस तरह द्वारका से पोरबंदर तक के तट पर लगी ये पवन चक्कियाँ तेज समुद्री हवाओं द्वारा विद्युत ऊर्जा उत्पादन कर क्षेत्र की बिजली की समस्या हल करती हैं।

द्वारका में लगे कुछ वातचालित टर्बाइन के चित्र निम्न है :

चित्र 83. वातचालित टर्बाइन्स

लाभ

पवन ऊर्जा मुफ्त, अपारंपरिक ऊर्जा का अनंत स्रोत है। यही नहीं दूसरे बिजली संयंत्रों (Power Plants) की तरह ये हवा संयंत्र किसी प्रकार का वायु प्रदूषण या ग्रीनहाऊस गैसें भी नहीं छोड़ते हैं। इनसे उत्पन्न विद्युत का आसपास के गाँवों, शहरों में रोजाना के

कामों में उपयोग किया जाता है एवं कंपनियों द्वारा भी इसका उपयोग होता है। पवन ऊर्जा हमारी ऊर्जा की जरूरतों को पूरा कर ऊर्जा संरक्षण में अहम् भूमिका निभाती है।

अध्याय – 12

समुद्र व प्रकृति

12.1 ट्रोपिक (Tropic)

कर्क रेखा (Tropic of cancer) या उत्तरी उष्णकटिबंध (Northern tropic) पृथ्वी का वह भाग है जिसके ऊपर सीधे–सीधे सूर्य पड़ता है। ऐसी स्थिति वर्ष में एक बार आती है जब पृथ्वी का उत्तरी गोलार्ध पृथ्वी का झुकाव कम होने से सूर्य की तरफ सीधे पड़ता है। इसी को कर्क रेखा कहते हैं। इसके विपरीत दक्षिणी गोलार्ध (Southern Hemisphere) जब पृथ्वी का झुकाव बढ़ जाता है तो यह भाग सूर्य के सामने पड़ने लगता है। इसी को मकर रेखा (Tropic of capricorn) कहते हैं। परंतु कुछ वैज्ञानिकों के अनुसार अब सूर्य जून महीने में वृष (Taurus) में पड़ता है। कुछ और मत है कि उस समय सूर्य मिथुन (Gemini) में पड़ता है। जो कुछ भी है आज भी यही मत है कि जून में सूर्य कर्क रेखा के सीधे सीधे पड़ता है।

ट्रोपिकल साइक्लोन बहुधा गर्मी के मौसम में आता है जब जमीन, वातावरण व समुद्र सतह के तापमान में अधिकतम अंतर होता है। परंतु मई का महीना उतना खतरनाक नहीं होता है जितना अगस्त–सितम्बर का महीना तूफानी होता है। इस प्रकार तूफानी हवाएँ अलग–अलग जगह पर अलग–अलग समय में होती हैं जैसे :

सारिणी 11. समुद्री जगह व उनका तूफानी महीना

समुद्री जगह	**तूफानी महीना**	
	शुरु	**अंत**
नार्थ पेसिफिक वेस्ट	अप्रैल	जनवरी
साउथ इंडियन	नवम्बर	अप्रैल
नार्थ इस्ट पेसिफिक	मई	नवम्बर

नार्थ अंटलांटिक	जून	नवम्बर
आस्ट्रेलिया, साउथ–इस्ट पेसिफिक	नवम्बर	अप्रैल
नार्थ इंडियन	अप्रैल	दिसम्बर

वास्तव में इन विषयों पर बवंडर (Cyclone) का पूर्वानुमान (Forecast) करने हेतु अनेक अध्ययन चल रहे हैं।

12.2 कम दाब में समुद्र की भूमिका (Role of ocean in low pressure)

जब वातावरण में कम दाब उत्पन्न होता है तो अधिक दाब वाले क्षेत्र से हवाएँ अपने साथ बादल (Clouds) को कम दाब के क्षेत्र में लाती है। हम जानते हैं कि समुद्र पृथ्वी पर जमीन की अपेक्षा अधिक सौर उष्मा शोषित करता है। यही कारण है कि जमीन की तुलना में समुद्र का पानी धीरे धीरे गर्म होता है क्योंकि पानी का क्षेत्रफल जमीन से बहुत ही अधिक है। जब जमीन का तापमान आकाश की वायु में प्रवेश करता है तो हवाएँ गर्म होती हैं गर्म हवाओं का घनत्व कम हो जाता है जिससे वे ऊपर उठती हैं। ये ऊपर उठती गर्म हवाएँ समुद्र के सतह दाब को कम करती हैं इस प्रकार यह दाब करीबन 0.2% कम हो जाता है। परिणामस्वरूप ठंडी हवाएँ जो समुद्र सतह से ऊपर की है वे जमीन की तरफ बहती हैं। जिससे ठंडी हवाएँ समुद्र तट पर उत्पन्न होती हैं। इन समुद्री हवाओं का वेग समुद्र व जमीन के तापमान की भिन्नता के अनुरुप होता है। इस प्रकार वातावरण में दाब उत्पन्न होने, हवाएँ बहने तथा बादल उत्पन्न होने में समुद्र की अहम् भूमिका है। वर्षा होने के लिए कम दाब होना आवश्यक है जिससे बादल अधिक दाब के क्षेत्र से खिंचकर आते हैं। इसलिए समुद्री तापमान व दाब का विशेष महत्व है। अतः हम कह सकते हैं कि समुद्र हमारे लिए वर्षा लाने या भारी वर्षा को कम करने में महत्वपूर्ण भूमिका निभाता है।

12.3 एलनिनो (Elnino)

विश्व के मौसम में भयानक परिवर्तन लाने में एलनिनों (Elnino) जिम्मेदार हैं। दक्षिणी प्रशांत महासागर में आए एलनिनों ने फ्रांस (France) व फ्रेंच पालीनेसिया (French Polynesia) के

ईद्र गिद्र 1982–83 में ऐसा कहर बरसाया कि हजारों लोगों की जानें चली गयी। भूमध्य रेखा के दोनों तरफ कई बार मध्य प्रशांत महासागर में एलनिनों के तूफान आते हैं। न केवल भयानक गर्म हवाएँ बल्कि समुद्र पानी भी गर्म हो जाता है। एलनिनों से हरीकेन आते हैं हरिकेन की तूफान बहुधा अटलांटिक महासागर में आती हैं।

एलनिनों के दौरान गर्म हवाएँ वातावरण को गर्म करती हैं ऐसे अवसर पर वर्षा यदि होती हैं तो तीव्र गति की गर्म हवाएँ एक तूफानी आंधी का रुप ले लेती हैं। इस प्रकार समुद्र में तूफानी हवाएँ (Cyclone) आंधी का रुप लेती हैं। अब इससे जब जमीन पर हवाएँ बढ़ती हैं फलतः जो भी देश सामने पड़ते हैं वे तहस–नहस हो जाते हैं।

एलनिनों के समय समुद्र में भी भारी क्षति होती है। कई बार समुद्री जीव जन्तु मर जाते हैं। समुद्री जीव जन्तुओं की प्रजातियों में भारी गिरावट आती हैं। परिणामस्वरूप समुद्री खाद्य शृंखला व जैविक विविधता पर भारी प्रभाव पड़ता है। एलनिनो (Elnino) का विपरीत शब्द लानिनो (Lanino) है जो कई बार चर्चा में आता है।

12.4 हरीकेन (Hurricane)

चक्रवात तीव्र कम दाब के क्षेत्र हैं जो उष्ण जलीय महासागरों में ग्रीष्म और पतझड़ ऋतु में उत्पन्न होते हैं। उनकी ऊर्जा का स्रोत जल वाष्प है, जो समुद्री सतह से वाष्पीकृत होता है। हम समझ चुके हैं कि ट्रोपिकल साइक्लोन (Tropical Cyclone) कम दाब निर्माण होने से होता है। जब ट्रोपिकल साइक्लोन होता है, समुद्र जल जो वाष्पीकरण के कारण बादल या वाष्प के रुप में वातावरण में रहता है, कई बार तेज हवाओं एवं कम तापमान के साथ ठंडा होकर द्रवीकरण द्वारा भारी वर्षा का रुप ले लेता है। परंतु यह एक तेज हवाओं के साथ तूफानी वर्षा होती है। ऐसे तूफान में तेज हवाएँ क्लॉक वाइज (Clockwise) उत्तरी गोलार्ध की तरफ बहती हैं। दूसरे गोलार्ध में इसके विपरीत हवाएँ दक्षिणी गोलार्ध की तरफ बहती है। परिणामस्वरूप विपरीत दशा पैदा होती है, इसे कोरिओलिस फोर्स (Coriolis force) कहते हैं।

समग्रतः इस प्रकार ट्रोपिकल साइक्लोन को ''हरिकेन'' कहते हैं। ऐसी स्थिति में समुद्री तेज हवाएँ व भारी वर्षा के कारण समुद्र की लहरों में भयंकर ऊर्जा उत्पन्न होती है। ऐसी परिस्थिति में यदि कोई पानी की जहाज या अन्य कोई वस्तु सामने पड़ती है, वह इस तूफानी साइक्लोन के चपेट में आकर तहस–नहस हो जाती है। समुद्री जीव जन्तुओं पर ऐसे में भारी प्रभाव पड़ता है। कई बार कुछ प्रजातियों की मृत्यु हो जाती है। खाद्य शृंखला चरमरा जाती है व जैविक विविधता पर भारी प्रभाव पड़ता है।

अध्याय – 13

स्वस्थ समुद्री पर्यावरण के उपाय

विभिन्न प्रकार के प्रदूषण जैसे औद्योगिक प्रदूषण, घरेलू मल प्रदूषण, रेडियो एक्टिव प्रदूषण एवं तेल प्रदूषण का हम अध्याय 6 में विवरण कर चूके हैं। हमें ज्ञात है कि तटीय प्रदूषण अनके तरीकों से न केवल समुद्री जीव जन्तुओं अपितु मानव जीवन को भी गंभीर रूप से प्रभावित करता है। हानिकारक रसायनों, प्रदूषणकारी तत्वों, औद्योगिक एवं घरेलू निष्कासित पानी, वर्षा के समय कृषि कार्यों से उत्पन्न रासायनिक खादों का अवशेष इत्यादि जो अंततोगत्वा समुद्री जल में प्रवेश करता है, तटीय प्रदूषण का प्रमुख कारण है। स्वस्थ समुद्री पर्यावरण हेतु प्रदूषण पर नियंत्रण की आवश्यकता है। अब प्रश्न यह है कि प्रदूषण से तटीय संरक्षण कैसे किया जाए? हमने भारत के कुल तटीय रेखा जिसमें अंडमान एवं निकोबार, बंगाल की खाडी एवं लक्षद्वीप सम्मिलित हैं, जो 7517 कि॰मी॰ लंबी है, के बारे में जानकारी पिछले भाग में प्राप्त कर ली है। हमने ये भी जान लिया कि भारत के इतने बड़े तट पर कांडला, मुंबई, न्हावाशिवा, मंगलोर, कोचिन, चेन्नई, तूतिकोरन, विशाखापट्टनम एवं प्रदीप जैसे प्रमुख बंदरगाहों द्वारा प्रतिदिन विदेशी जहाजें माल आयात व निर्यात के लिए हजारों की संख्या में प्रयोग लाई जाती हैं इसलिए तटीय प्रदूषण में इनका भी महत्वपूर्ण भाग है। परंतु इससे कई गुना अधिक समस्या औद्योगिक प्रदूषण की है। इतना ही नहीं घरेलू मल जो शहरों से निकलता है वह अंततोगत्वा बिना उपचार या आंशिक उपचार के बाद समुद्र में जाता है। तटीय जल में अधिकाधिक न्यूट्रिएंट की बढ़त एक तरह का जल प्रदूषण है। यह प्रदूषण यूट्रोफिकेशन की प्रक्रिया के कारण शैवालों की उपज बढ़ाकर जल में प्राणवायु की मात्रा कम कर देता है जिसके कारण समुद्री जैव विविधता में गिरावट आ जाती है। समुद्री तट जल पर एकत्रित कचरे में लगभग 80 प्रतिशत प्लास्टिक होता है, जो प्लास्टिक प्रदूषण का स्रोत है। यह प्लास्टिक कचरा समुद्री जीव–जन्तुओं हेतु

अत्यन्त खतरनाक है। जीव–जन्तु इसमें फसने के कारण हिल नहीं पाते व भूखे मरने एवं दम घुटने से मर जाते हैं। इस प्रकार समुद्री तटीय जल इन सभी प्रकार के प्रदूषण की गिरफ्त में है। प्रदूषण की चपेट मे, न केवल कुछ नदियाँ ही हैं बल्कि इन नदियों के अंततोगत्वा समुद्र में खुलने से समुद्री जल भी गंभीर रूप से प्रभावित है।

हम पिछले भाग में पढ़ चुके हैं कि इस प्रकार के गंभीर प्रदूषण से हमारा तटीय जल पूरी तरह ग्रसित है। हम यह भी समझ चुके हैं कि इस प्रदूषित तटीय जल से हमें किस प्रकार प्रभावित होना पड़ता है। तटीय जल जो प्रदूषित हो चुका है या हो रहा है, उसमें तरह–तरह के प्रदूषणकारी जहरीले तत्व मौजूद होते हैं। प्रदूषण के कारण जहरीले पदार्थ समुद्री अन्न श्रृंखला में प्रवेश कर जाते हैं जिसका असर मानव पर भी होता है। प्रदूषित तटीय जल में उपस्थित मछलियाँ प्रदूषण से गंभीर रूप से प्रभावित होती है। ऐसी मछलियों को मछुआरें पहचान नहीं पाते हैं तथा उन्हें खुले बाजार में बेचते हैं। इन प्रदूषण प्रभावित मछलियों को खाने से मानव प्रभावित होता है। इसके अतिरिक्त प्रदूषित जल के संपर्क में आने से मानव सीधे या परोक्ष रूप से प्रभावित होता है। प्रदूषित जल में पनपने वाले अनेक विषाणु एवं जीवाणु ने केवल तटीय पर्यावरण को गंभीर रूप से प्रभावित करते हैं बल्कि मानव के संपर्क में आने से स्वास्थ्य पर भी बुरा असर डालते हैं। प्रदूषित तट मैंग्रूव, मूँगों की रीफ़, सी ग्रास एवं सैंडड्यून्स पर भी बुरा प्रभाव डालते हैं। इनके अभाव में तट रेखा अस्थिर हो जाती है, जो अपरदन एवं सिल्टेशन का प्रमुख कारण है। इतना ही नहीं ये तट प्राकृतिक आपदाओं हेतु भी अति संवेदनशील हो जाते हैं। जिसका भुगतान मानव को जैविक एवं भौतिक हानि के रूप में करना पड़ता है। प्रदूषित तट मछलियों के प्राकृतिक भंडार पर प्रभाव डालता है जिससे भोजन एवं व्यापार दोनों में भारी गिरावट आ जाती है। तट पर बसे लोगों पर भी इसका दुष्प्रभाव पड़ता है। इतना ही नहीं प्रदूषण, पानी की गुणवत्ता में भारी गिरावट लाकर तटीय जल के उपयोग को दुर्लभ बना देता है।

प्रदूषण के कारण पर्यटन विभाग को भारी नुकसान का सामना करना पड़ता है। दिन प्रति दिन प्रदूषित हो रहे तट, मैंग्रूव का

अवक्रमण, मरती हुई कोरल रीफ़, समुद्री उत्पादकता में भारी गिरावट और अनियमित मल जल का निष्कासन आज की गंभीर समस्याएँ है जो पर्यटकों के विकर्षण का कारण बन रही हैं। प्रदूषण के कारण कई अनवांछित शैवालों की उत्पत्ति हो जाती है जिसके परिणामस्वरूप मूल शैवालों को भोजन, वास इत्यादि हेतु संघर्ष करना पड़ता है। यही कारण है कि कुछ शैवालों की विशेष प्रजातियाँ लुप्त हो रही है। ऐसे में तटीय जल की दशा बुरी तरह दयनीय हो जाती है जो मानव के लिए बहुत ही हानिकारक है। मानव जीवन इस जलीय प्रदूषण से गंभीर रूप से प्रभावित होता है।

इसलिए अब हमारा कर्त्तव्य है कि हम अपने तटीय जल को सुरक्षित व स्वच्छ रखने के उपायों के बारे में जानकारी प्राप्त करें। तटीय जल को स्वच्छ व स्वस्थ तथा प्राकृतिक दशा में रखने के लिए निम्नलिखित उपायों की नितान्त आवश्यकता हैं :

1. सर्वप्रथम प्रदूषणकारी तत्वों की जानकारी।
2. प्रदूषण स्रोतों का ज्ञान।
3. प्रदूषण की प्राथमिक स्रोत से रोकथाम।
4. प्रदूषित गंदे पानी/ घरेलू मल / औद्योगिक गंदा पानी इत्यादि का (मानक के अनुसार) उपयुक्त उपचार।
5. तेल प्रदूषण की रोकथाम।
6. तेल प्रदूषणकारी स्रोत पर नियंत्रण।
7. बन्दरगाहों को मानक के अनुसार स्वच्छ रखना।
8. मैंग्रूव के वृक्षारोपण की अधिक आवश्यकता।
9. तटीय जल का अविरल अध्ययन कर प्रदूषण पर निगरानी रखना।

इस प्रकार एक बार फिर उपरोक्त विषयों पर संक्षिप्त चर्चा करने की आवश्यकता है जो हमें स्वस्थ एवं स्वच्छ समुद्री पर्यावरण प्रदान करें :

I – प्रदूषणकारी तत्व

हम उपरोक्त भाग में पढ़ चुके हैं कि जब प्रदूषित समुद्र जल में कार्बनिक पदार्थों की मात्रा बढ़ जाती हैं, वह सूक्ष्म जीवाणुओं (Bacteria) के द्वारा विभिन्न घटक में परिवर्तित हो जाता हैं। इस प्रक्रिया के अंतर्गत पानी में घुली प्राणवायु प्रयोग में ले ली जाती है। यही कारण है कि प्रदूषित पानी में ऑक्सिजन (O_2) की मात्रा पूरी तरह कम हो जाती हैं। ऐसी स्थिति में पानी के जीव जन्तु न केवल खतरे में पड़ जाते हैं बल्कि कई बार मर भी जाते हैं। इसी तरह समुद्री जल में यदि अकार्बनिक विषैले पदार्थ जैसे कैडमियम (Cd), मरक्यूरि (Hg), कॉपर (Cu), कोबाल्ट (Co), जिंक (Zn), लेड (Pb), पॉली क्लोरोनेटेड बाईफेनिल्स (PCBs), पॉलीसाइक्लिक ऐरोमेटिक हाइड्रोकार्बन (PAH), पहुंच जाते हैं तथा इनकी मात्रा बढ़ जाती है, समुद्री जीव–जन्तु मरने लगते हैं। समुद्री पानी में डी॰डी॰टी॰, पेस्टीसाइड या अन्य विषैले पदार्थ पहुँचने से खतरा और भी बढ़ जाता है। समुद्री जल में घरेलू मल जल पहुँचने से न्युट्रिएंट (Nutrients) जैसे नाइट्रेट (NO_3), नाइट्राइट (NO_2), अमोनिया (NH_4), तथा फास्फेट (PO_4) की मात्रा बढ़ जाती है जो अनावश्यक शैवालों की उपज बढ़ाकर दूसरे जलीय जीव जन्तुओं के लिए खतरा बन जाती हैं।

तेल रिसाव के कारण पानी में पेट्रोलियम हाइड्रोकार्बन की मात्रा बढ़ जाती है, जो जीव जन्तुओं के लिए हानिकारक है। पेट्रोलियम पदार्थों का विघटन होने से विभिन्न जीवाणु (Bacteria) भी समुद्री तटीय जल में उत्पन्न होते हैं।

II – प्रदूषण के स्रोत

तटीय प्रदूषण के प्रति आम लोगों में जागरूकता उत्पन्न करना अति आवश्यक है। आम जनता को यह ज्ञात होना नितांत अनिवार्य है कि प्रदूषण के स्रोत क्या हैं तथा उन्हें किस प्रकार से कम किया जाए।

प्रदूषणकारी तत्वों के निम्नलिखित स्रोत हैं :

1. महानगर पालिकाओं का घरेलू मल जल।

2. रासायनिक, औषधीय, खाद, टेनरीज व अन्य औद्योगिक इकाइयों (Industries) द्वारा उत्पन्न गंदा पानी (Effluents)।
3. तेल कंपनियों (Oil refinery) का गंदा–पानी।
4. अनेक कपड़ा मिल्स, पेपर मिल्स, शुगर मिल्स इत्यादि द्वारा उत्पन्न गंदा पानी।
5. समुद्र में तेल वाहक जहाजों एवं माल वाहक जहाजों से तेल रिसाव।
6. बंदरगाहों से अनेक पदार्थों का समुद्र में गिरना।
7. गाड़ियों (Vehicle) से निष्कासित कार्बन।
8. शहर से निष्कासित कचरा।
9. बिजली बनाने वाली कंपनियों (Thermal Power Stations) द्वारा निकला अवशेष गंदा एवं गर्म पानी।
10. पावर स्टेशनों द्वारा निष्कासित रेडियो एक्टिव पदार्थ।
11. कृषि कार्य का अवशेष रसायन (Pesticide)।
12. कोयले या अन्य खानों द्वारा उत्पन्न प्रदूषणकारी तत्व।
13. मत्स्यपालन उद्योग (Fish Farm) द्वारा उत्पन्न प्रदूषणकारी तत्व।
14. सड़कों, बगीचों या जमीन से प्रदूषणकारी तत्वों का रिसाव।

III – प्रदूषणकारी तत्वों का प्राथमिक स्रोत से नियंत्रण

यदि प्रदूषण स्रोत का पता चले, उन प्रदूषणकारी तत्वों के स्तर का पता लगाया जाना चाहिए। इस प्रकार प्रदूषणकारी तत्वों को उनके स्रोत से ही कम करने या समाप्त करने से प्रदूषण पर नियंत्रण पाया जा सकता है।

अतः प्रदूषण के स्रोत की जानकारी अति आवश्यक है। इन स्रोतों को अच्छे किस्म के कच्चे माल के प्रयोग, गंदे पानी के उपयुक्त उपचार व अच्छे किस्म की मशीनें लगाकर निष्कासन इत्यादि द्वारा नियंत्रण किया जा सकता है। ऐसा करने से हम अपने

तटीय समुद्र जल को स्वच्छ रखकर अपने स्वास्थ्य को ठीक रख सकते हैं।

IV – प्रदूषित गंदे पानी/घरेलू मल/औद्योगिक निष्कासित पानी का उपचार

प्रदूषित गंदे पानी/घरेलू मल जल या औद्योगिक निष्कासित पानी को प्रदूषण नियंत्रण बोर्ड के मानक के अनुसार उपचार (Treatment) के बाद ही समुद्र में छोड़ना चाहिए। उपचार की विधिवत् चर्चा पिछले प्रभाग में की जा चुकी है। अब हम समझ चुके हैं कि उपरोक्त गंदा पानी या औद्योगिक निष्कासित पानी को प्रथम, द्वितीय व तृतीय स्तर पर उपचार के पश्चात् ही समुद्र में निष्कासित करना चाहिए। उपचार के बाद औद्योगिक गंदे पानी व घरेलू मल पानी का निष्कासन समुद्र के बाहरी भाग में पाइपलाइन द्वारा ही होना चाहिए।

उपचार किए हुए गंदे पानी के निष्कासन हेतु उपयुक्त स्थान समुद्र में पूरे अध्ययन के बाद ही चुनना चाहिए। ऐसे समुद्री स्थान पर गंदे पानी को कई गुना घुलाने की क्षमता होनी चाहिए। तट की खुली जगहों में विषैले पदार्थों व मल पानी के निष्कासन पर पूरी तरह प्रतिबंध होना चाहिए। प्रदूषणकारी निष्कासित ठोस पदार्थों को भी खुली जगहों में फेंकने पर रोक होनी चाहिए। रेडियो एक्टिव अवशेष जो पावर प्लान्ट से उत्पन्न होता है, सावधानीपूर्वक एकत्रित कर सुरक्षित स्थान पर जलाकर नष्ट किया जाना चाहिए। अस्पतालों का अवशेष भी इसी प्रकार जलाकर (Incinerate) नष्ट किया जाना चाहिए। गंदे पानी को स्वच्छ कर (Post treatment) पुनः प्रयोग में लेने पर बल देना चाहिए। इस प्रकार कंपनियाँ व नगरपालिकाएँ अधिकांश रूप से शून्य डिस्चार्ज (Zero discharge) स्कीम को अपनाएं। राष्ट्रीय एवं अन्तराष्ट्रीय स्तर पर क्रियाशील रूप में अधिनियमों का पालन होना चाहिए। इससे प्रदूषण पर नियंत्रण पाया जा सकेगा व समुद्र स्वच्छ रहेगा।

V – तेल प्रदूषण पर रोकथाम

तेल प्रदूषण पर नियंत्रण करने हेतु हमें उसके स्रोत की जानकारी लेनी चाहिए। जो भी तेल की पाइपलाइन हो वह

अध्याय – 14

निष्कर्ष

अब हमें समुद्र का विस्तृत ज्ञान प्राप्त होकर यह सिद्ध हुआ कि हम समुद्र से न केवल भोजन, नमक, रसायन, खनिज, गैस, ओषधि व सुलभ जलमार्ग प्राप्त करते हैं बल्कि हमारे पर्यावरण का नियंत्रण भी यही करता है। हम पूर्ण रूप से इससे अवगत हुए कि समुद्र जैवविविधता एवं ऊर्जा का अनंत स्रोत है। इस पुस्तक में प्राकृतिक आपदाओं की विधिवत् चर्चा की गयी है जो हमे आने वाले खतरों से आगाह कर सुरक्षा हेतु सावधानियों से अवगत कराती है। परन्तु आधुनिक विकास में लिप्त मानव की अंधाधुंध गतिविधियाँ समुद्री पर्यावरण को प्रदूषित कर अपने ही विनाश में अग्रसर है। अतः हमें स्वस्थ पर्यावरण हेतु समुद्र को स्वच्छ एवं प्रदूषण पर नियंत्रण रखने में सर्वदा शपथबद्ध रहना चाहिए। समुद्री संसाधनों की उपयोगिता व संरक्षण, मानव गतिविधियों से पर्यावरण में असंतुलन का प्रभाव व नियंत्रण, स्वस्थ पर्यावरण की प्राप्ति जैसे महत्वपूर्ण विषयों से आम लोगों को अवगत कराना तथा स्वस्थ एवं प्रदूषण रहित पर्यावरण हेतु अपनी भूमिका सुनिश्चित करना, इस पुस्तक का प्रमुख उद्देश्य है। इस पुस्तक में उपलब्ध चित्र, जानकारी व उपायों का दुरुपयोग अवांछनीय है, अतः इनका सदुपयोग कर लोग पुस्तक के उद्देश्य को सार्थक करने में अपना परम योगदान प्रदान करें।

सन्दर्भ

1. गूगल सर्च इंजिन
2. तकनीकी रिपोर्ट, सीएसआईआर–राष्ट्रीय समुद्र विज्ञान संस्थान, क्षेत्रीय कार्यालय "मॉनिटरिंग एण्ड इन्वेस्टिगेशन ऑफ फिश–किल इन तापी एण्ड मिंडोला एस्चुरीस एण्ड प्रोबेबल कौजस", NIO/SP - 46/2012, अक्टूबर (2012)
3. तकनीकी रिपोर्ट, सीएसआईआर –राष्ट्रीय समुद्र विज्ञान संस्थान, क्षेत्रीय कार्यालय, "मरीन ई आई ए (EIA) फॉर डिस्चार्जिंग ट्रीटेड एफफ्लुएंट फ्रोम तारापुर अटॉमिक पॉवर स्टेशन इंटू द सी ऑफ तारापुर" NIO/SP-67/2011, अक्टूबर (2011)
4. तकनीकी रिपोर्ट, सीएसआईआर –राष्ट्रीय समुद्र विज्ञान संस्थान, क्षेत्रीय कार्यालय, "इंपेक्ट ऑफ एक्सीडेंटल स्पीलेज ऑफ ऑइल एंड हजार्डस केमिकल्स इन मुंबई बेय सब्सिकुएंट टू शिप कोलाइजन ऑन 7 अगस्त 2010, ऑन मरीन एकोलोजी", NIO/SP-68/2010, दिसंबर, (2010)
5. नसकर, के॰ आर॰ और मंडल, आर॰ एन॰ डाइवर्सिटी एंड क्लासिफिकेशन ऑफ इंडियन मैंग्रूव, ट्रोपिकल एकोलोजी 49 (2) : 131–146, (2008)
6. वेंकटरामन, के॰, वाफर, एम॰, "कोस्टल एण्ड मरीन बायो डाइवर्सिटी ऑफ इंडिया" : इंडियन जनरल ऑफ मरीन साइन्सेस वोल्यूम 34 (1), पृष्ठ क्र॰ 57–75, मार्च (2005)
7. मुंबई मिरर (समाचार पत्र), 24 मार्च (2013)
8. गूगल इमेज सर्च द्वारा प्राप्त छायाचित्र निम्नांकित हैं : चित्र : 1, 2, 3, 4, 5, 6, 7, 8, 9, 10, 11, 12, 13, 14, 21, 27, 30, 31, 32, 34, 35, 36, 37, 38, 39, 42, 43, 45, 46, 47, 48, 53, 54, 55, 57, 58, 60, 61 एवं 75
9. लेखक एवं विद्यार्थियों द्वारा लिये गये छायाचित्र निम्नांकित हैं : चित्र : 15, 16, 17, 18, 19, 20, 22, 23, 24, 25, 26, 27, 28, 29, 40, 41, 44, 49, 50, 51, 52, 56, 59, 62, 63, 64, 65, 66, 67, 68, 69, 70, 71, 72, 73, 74, 76, 77, 78, 79, 80, 81, 82, 83 एवं 84
10. http://www.allthesea.com

11- http://www.reefcorner.com/SpecimenSheets/caulerpa.htm

12. http://www.flickr.com/photos/malc_c/7679933852/in/photostream/
13. http://www.animals.nationalgeographic.com
14. http://www.biolib.cz
15. http://www.planetanimalzone.blogspot.com
16. http://www.naturephoto-cz.com
17. http://www.en.wikipedia.org
18. http://www.arkive.org
19. http://www.academics.smcvt.edu
20. http://www.montereybayaquarium.org
21. http://www.arcodiv.org
22. http://www.taibnet.sinica.edu.tw
23. http://www.ilmaredamare.com
24. http://www.fishbase.us
25. http://www.biosearch.in
26. Indiawindpower.com
27. http://www.mnre.gov.in
28. http://news.nationalgeographic.co.in/news/2010/05/photogalleries
29. http://digitaljournal.com/article/268476
30. http://inventorspot.com/articles/9311
31. http://www.telegraph.co.uk/news/newstopics/howaboutthat/4929620
32. http://content.usatoday.com/communities/ondeadlines/2010/02/ blobfish

स्वीकृत हस्तलिपि : सीएसआईआर – राष्ट्रीय समुद्र विज्ञान संस्थान, गोवा – संदर्भ क्रमांक 7118 / 15–1–2013